浙江省重点教材建设项目
高等职业教育“十一五”规划教材

村庄规划设计实务

主　编　李伟国
副主编　桑铁菲
参　编　汤书福　葛秀萍　梁玉秋

机 械 工 业 出 版 社

本书共分6章，主要内容包括村庄规划设计的相关知识简介、村庄规划设计调查的方式与内容、村庄空间的组织与布局规划、村庄公用工程设施规划设计、村庄特色规划、村庄规划设计成果的编制与实施。书中对村庄规划的各主要环节都安排了案例分析或实务训练，有助于读者更深入理解村庄规划的编制思想，掌握村庄规划的编制方法。

本书可作为高等职业教育城镇规划、建筑设计、园林技术、环艺设计等专业的教材，也可作为城市规划师、建筑设计师、环境艺术设计师等专业技术人员的参考用书以及村庄规划编制与实施的工程辅助用书。

为方便教学，本书配有电子课件，凡使用本书作为教材的教师可登录机械工业出版社教材教育网www.cmpedu.com注册下载。咨询邮箱：cmpgaozhi@sina.con。咨询电话：010-88379375。

图书在版编目（CIP）数据

村庄规划设计实务／李伟国主编.—北京：机械工业出版社，2012.11
浙江省重点教材建设项目.高等职业教育“十一五”规划教材
ISBN 978-7-111-40124-7

Ⅰ.①村…　Ⅱ.①李…　Ⅲ.①乡村规划—中国—高等职业教育—教材　Ⅳ.①TU982.29

中国版本图书馆CIP数据核字（2012）第248112号

机械工业出版社（北京市百万庄大街22号　邮政编码 100037）
策划编辑：覃密道　　责任编辑：覃密道　郑　佩
版式设计：闫玥红　　责任校对：王　欣
封面设计：饶　薇　　责任印制：乔　宇
北京画中画印刷有限公司印刷
2013年1月第1版第1次印刷
184mm×260mm·6印张·138千字
0 001—3000册
标准书号：ISBN 978-7-111-40124-7
定价：30.00元

凡购本书，如有缺页、倒页、脱页，由本社发行部调换

电话服务
社服务中心：（010）88361066
销售一部：（010）68326294
销售二部：（010）88379649
读者购书热线：（010）88379203

网络服务
教材网：http://www.cmpedu.com
机工官网：http://www.cmpbook.com
机工官博：http://weibo.com/cmp1952
封面无防伪标均为盗版

前　言

我国的农村建设运动实际上自二十世纪二三十年代就已经开始，以知识分子社会改良——“乡村建设救国”论的理论表述和实验活动为主线，山西名噪一时的“村治”——农村经济改良运动、晏阳初领导的“平民教育运动”、梁漱溟主持的“广东乡治讲习所”、“河南的村治运动”、卢作孚倡导的“乡村建设实验”等等都出现在这一时期。新中国成立后，我国实行了农村土地改革，引导农村经过互助组、初级社、高级社三个不同阶段的发展，走上了社会主义新农村的发展道路。1978年党的十一届三中全会制定了《中共中央关于加快农业发展若干问题的决定（草案）》和《人民公社工作条例（试行草案）》，拉开了中国农村改革开发的序幕。但是，长期以来出台的一系列政策，并没能从根本上解决“农业、农村、农民”这三个称之为“三农”的问题。城乡差距、工农差别依然较大；一些关系农村长远发展的深层次矛盾依然存在，特别是农村发展的规划问题、机制问题、途径问题、组织保障问题等。“三农”问题是全面建设小康社会的关键问题，农业丰则基础强，农民富则国家盛，农村稳则社会安。因此，“三农”问题的解决，始终是全党工作的重中之重。

自党的十六届五中全会提出要按照“生产发展、生活富裕、乡风文明、村容整洁、管理民主”的要求，扎实推进社会主义新农村建设以来，我国的新农村建设进入了一个崭新的历史时期。解决村庄发展过程中空间布局合理、设施配置齐全、生活环境良好等村容整洁的相关问题，是关系到促进生产发展、体现生活富裕、展示乡风文明、实践管理民主的重要载体。新农村建设是一项非常复杂的系统工程，牵涉到农村的政治、经济、文化、社会、环境等各个方面。在新的历史时期中，如何贯彻中央精神，体现胡锦涛总书记提出的“统筹城乡发展、统筹区域发展、统筹经济社会发展、统筹人与自然和谐发展、统筹国内发展和对外开放”的五个“统筹”的基本要求，从全面、协调、可持续、可操作的层面上做好村庄的规划和设计，对村庄规划、设计、建设者提出了更高的要求。

目前在新农村建设过程中，村庄规划设计的任务非常繁重，而村庄规划设计技术人员又严重不足。《村庄规划设计实务》这本教材，把村庄规划与设计的实际工作过程分解为：资料收集与准备、空间布局规划与设计、工程设施规划与设计、特色规划与设计、规划设计成果的编制与实施等五个环节，通过对以案例的实操为主、以必要的理论知识为辅的讲授，希望学生通过对本课程的学习，能尽快了解村庄规划设计的内容与编制要求，掌握正确的编制方法与步骤，增强村庄规划设计的实务工作能力，更好地为村庄规划设计建设服务。

本书由浙江建设职业技术学院李伟国任主编并负责最后统稿，桑轶菲任副主编，具体编写分工如下：桑轶菲编写第3章，汤书福编写第4章，葛秀萍编写第1、5章，梁玉秋编写第2、6章。

本书在编写过程中得到了作者所在的浙江建设职业技术学院、丽水职业技术学院、浙江同济科技职业学院的大力支持，在此表示衷心的感谢！同时本书在编写过程中也参考了许多同类教材和专著，引用了一些规划实例，在此对相关作者和设计单位表示衷心的感谢！

由于编者水平有限，加上时间仓促，难免有不当之处，敬请读者谅解并及时反馈。

编　者

CONTENTS

目　录

第1章 村庄规划设计的相关知识简介

1.1 村庄的概念与特点

1.1.1 村庄的形成与发展

村庄是农村人口从事生产和生活居住的场所，它是在血缘关系和地缘关系相结合的基础上形成的，以农业经济为基础的相对稳定的一种居民点形式，它的形成与发展同农业生产紧密联系在一起。村庄在我国不同地区有不同的叫法，如庄、屯、寨、坪、铺、岗、沟、营、堡等。

在距今7000～8000年前的新石器时代，由于劳动工具的改变，人类学会了种植，人类社会出现了第一次劳动大分工，农业从自然采摘、狩猎中分离出来，继而出现家禽的养殖，耕作、养殖使人类开始定居，有了固定的聚落，形成了最初的农村聚落，即原始的村庄。随着人类对生产方式的改进，生产力不断提高，生产品有了剩余，就产生了交换的条件。商业和手工业从农业中分离出来，这就是人类的第二次劳动大分工。原来的居民点也发生了分化，其中以农业为主的就是农村，一些具有商业及手工业职能的就是城市。

我国是一个文明古国、农业大国，也是当今世界上农业、农村、农民“三农”问题最为突出的国家之一。我国社会中存在的“城乡二元经济结构”，形成的城乡差别和城乡发展的不平衡状态，构成了我国社会发展的制约因素，成为我国社会发展中必须要解决的重要问题。

1.1.2 村庄相关概念

与村庄相关的概念中有行政村、自然村和中心村、基层村。

1. 行政村、自然村

行政村和自然村是一个行政概念。“行政村”作为乡镇以下的一级组织，是村民委员会管辖范围内的自然村的总和。“自然村”是农村居民居住和从事农副业生产活动的最基本的聚居点。在一些地方，行政村和自然村的范围是相同的，一个自然村也就是一个行政村；而在更多的地方，一个行政村通常包括了几个甚至是几十个自然村；也有些特例，一个较大规模的自然村包含了两个或两个以上的行政村，或者是不同行政村的部分村民共同形成了一个自然村。

2. 中心村、基层村

村庄按其在村镇体系中的地位和职能又可以分为中心村和基层村。“中心村”是镇域村庄体系规划中，设有兼为周围村庄服务的公共设施的村；“基层村”是镇域村庄体系规划中，中心村之外的村。中心村与周围的基层村相比，居住区范围较大、人口较多，一般是村民委员会所在地，具有为本村和附近基层村服务的公共设施及公益事业设施。在某些情况下，它的意义与行政村是等同的，有时会小于或大于现有行政村的范围。

根据《镇规划标准》（GB 50188—2007），村庄的规模按人口数量可以划分为特大、大、中、小型四级。见表1-1。

表1-1　村庄人口规模分级

分　级	特大型	大　型	中　型	小　型
人口数量/人	>1000	601～1000	201～600	≤200

1.1.3 村庄的特点

村庄具有以下特点：

1. 村庄肌理与自然和谐共融

村庄的形成是一个长期的、自然的过程。村庄空间的形成依托农户自身的生产、生活需要以及乡规民约、风水观念、传统伦理等，体现出很强的自然性与随机性。村庄的肌理是自然与人文有机的结合体，其肌理形态受自然环境的影响较大，如地形、地貌、气候、植被、水文、土壤状况等，它们都是构成村庄肌理的基本自然要素。村庄肌理形态与自然肌理的相互呼应，人与自然和谐相处、融为一体，这是村庄空间最吸引人的地方。建村时间比较长的村庄，特别是百年以上历史的村庄，至今还保持着某一时期或几个时期积淀下的特征：村庄功能布局严谨和谐；大部分村庄的水系、街巷井然有序；民舍、庭院、宗族中心等错落有致。传统肌理保持完整的村庄还保有丰富的传统生活内容，保持着传统生活氛围。如始建于南宋末年的浙江兰溪诸葛村，整个村呈九宫八卦阵图式，村外八座小山环抱着整个村庄，形成天然的八卦阵形（图1-1）。

图1-1　浙江兰溪诸葛村

2. 村庄职能单一，自给自足性强

村庄是农民生活和生产的场所。传统的村庄往往由于其规模偏小，人口集约化程度低，与外界交通不畅，联系不便，交往有限，诸多方面表现为一定的封闭性，且经济活动内容简单，如以种植业为主的农村、以林业及山间产品为主的山村、以渔业为主的渔村，以及以畜牧业为主的乡村等。因此，在一定区域空间内所承担的职能比较单纯，自给自足性强。如以渔业为主的浙江岱山县田涂村（图1-2），以林业为主的浙江淳安县宋村乡的村庄（图1-3）。

图1-2　浙江岱山田涂村

图1-3　浙江淳安宋村乡村庄

3. 村庄建筑同质性强，地域特色显著

村庄建筑与布局由工匠根据长期生活实践中形成的带有浓厚地方特点的习俗和经验进行营建，同质性强，村庄肌理的空间关系上也有较强的连续性，保留了相对封闭的地域特色。一般而言，尽管村庄每一次新的兴建活动都会对其原有结构有所改变，但总体上应该顾及了与周围建筑之间的相互协调，保持对村庄原有结构的尊重与延续，而不应破坏整个村庄系统的整体性，传统的古村落都保持了这一特点。如安徽黟县宏村就是非常典型的徽派建筑（图1-4），浙江温州顺溪的民居中则出现了闽南风格的形式（图1-5）。

图1-4　安徽黟县宏村民居

图1-5　浙江温州顺溪民居

4. 点多面广，结构比较松散

居民点受地域条件的影响，农村地广人稀，居住分散，村庄的分布极不均匀，表现为点多面广，结构比较松散。从村庄的规模看，大小相当悬殊，大的可达几百户，小的则为几十户、几户，甚至独家独户的“独家村”（图1-6）。

图1-6 浙江淳安宋村乡的“独家村”

5. 依托土地资源，家庭血缘关系浓厚

土地是农业中不可代替的主要劳动对象和生产资料，是农业人口赖以生存的主要物质条件，从村庄的形成和发展的历史进程来看，人们依托土地资源，世代聚居，形成传统而稳定的乡村聚居空间。许多村庄都以一个宗族聚居而成为一个相对封闭的社会单元，形成了血缘群体和左邻右舍守望相助的地缘群体。人口的空间转移极其缓慢和相对稳定，村庄人口的增加仅是自然增长的变化。浙江省建德市新叶村以叶氏宗族的祠堂和水塘为圆心发展（图1-7）。

图1-7 浙江建德新叶村

1.2　村庄的规划与设计

1.2.1　规划与设计辨析

规划是计划中最宏大的一种，泛指全面考虑长远发展计划的过程，是为了对全局或长远工作出统筹部署，以便明确方向，激发干劲，鼓舞斗志。从时间上说，一般在三五年以上；从范围上说，大都是全局性工作或涉及面较广的重要工作项目；从内容和写法上说，往往是粗线条的，或者是概念性、结构性的。村庄规划主要解决村庄的性质与规模、村庄的功能分区和空间布局、土地利用、道路交通、各项基础服务设施、环境生态保护等大问题，不涉及具体的施工方案。

设计是具体实现规划中某一工程的实施方案，是具体而细致的施工计划，如村庄的居住建筑的设计，村庄景观的设计等。

规划和设计都是村庄建设前的计划和打算，两者所处的层次和高度不同，解决的问题也不一样。规划是设计的基础，侧重于具体性和操作性的规划，往往需要有资金支持计划，设计是规划的实现手段，涉及实施的工程性问题。在许多场合，考虑到规划和设计的相互衔接，有时很难明确规划和设计的边界，经常会有互相渗透的情况，甚至还会派生出一些新的名称，从另外的角度，来解决规划设计间相互衔接的问题，这里不做详细讨论。

1.2.2　村庄规划的概念

1. 城乡规划体系

我国的城乡规划体系包括：城镇体系规划、城市规划、镇规划、乡规划和村庄规划。城市规划、镇规划根据规划内容的深度要求分为总体规划和详细规划（见《中华人民共和国城乡规划法》第二条）。详细规划又可分为控制性详细规划和修建性详细规划。

我国的规划体系可以用如下框架体系表示（图1-8）。

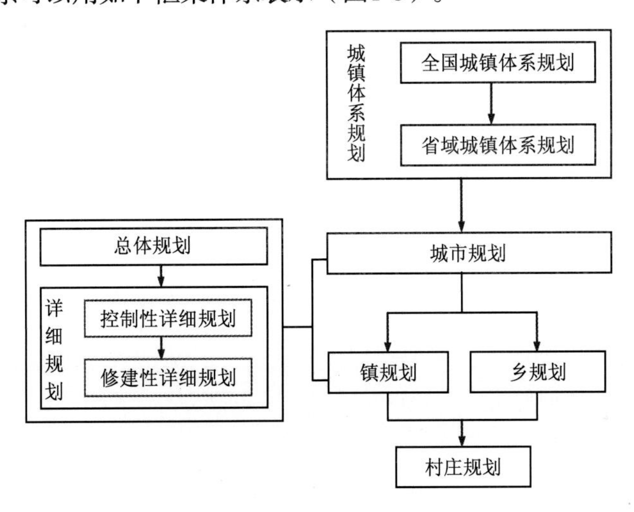

图1-8　我国城乡规划体系

2. 村庄规划的相关概念

1）县域村庄布局规划。县域村庄布局规划属于县域村镇体系规划，其主要内容主要应着眼于：村庄发展策略、村庄分类发展规划、中心村布局、村级行政区划调整、迁村并点原则与标准。

2）镇域村庄体系规划。与城镇体系规划相类似，在一个镇的行政范围内，在经济、社会和空间发展中有机联系的镇区和村庄群体也应该有一个系统性的规划，构成县域以下一定地域内相互联系和协调发展的聚居点群体。这些聚居点在政治、经济、文化、生活等方面是相互联系和彼此依托的群体网络系统。随着行政体制的改革，商品经济的发展，科学文化的提高，镇与村之间的联系和影响将会日益增强。部分公共设施、公用工程设施和环境建设等也将做到城乡统筹、共建共享，以取得更好的经济、社会、环境效益。

3. 村庄规划的定义

村庄规划是指在一个村的范围内（可以是行政村，也可以是自然村），为实现村庄经济和社会发展的目标，按照法律规定，运用经济技术手段，合理规划村庄经济和社会发展、土地利用、空间布局以及各项建设的部署和具体安排。

村庄规划是村庄建设与管理的依据，其主要任务是：在乡镇总体规划、镇村布局规划等上位规划的指导下，在分析相关区域的经济社会发展条件、资源条件和村庄现状分布与规模的基础上，确定村庄建设要求，提出合适的村庄人口规模、确定村庄功能和布局、明确村庄规划建设用地范围，统筹安排各类基础设施和公共设施，保护历史文化和乡土风情等；同时包括村庄经济社会环境的协调发展，生产及设施的安排，耕地等自然资源的保护等，为居民提供舒适、和谐、适合当地特点的人居环境。

1.3 村庄规划设计的主要内容

根据《中华人民共和国城乡规划法》，村庄规划的内容包括：规划区范围，住宅、道路、供水、排水、供电、垃圾收集、畜禽养殖场所等农村生产、生活服务设施、公益事业等各项建设的用地布局、建设要求，以及对耕地等自然资源和历史文化遗产保护、防灾减灾等的具体安排。

村庄规划包括村域规划和居民点规划两部分。

1.3.1 村域规划

村域规划是以行政村为单位，主要对居民点分布、产业及配套设施的空间布局、耕地等自然资源的保护等提出规划要求。

1. 居民点分布

在镇（乡）总体规划的指导下，确定村域内各居民点的空间位置，明确各居民点的各类用地布局。

2. 产业布局

结合当地产业特点和村民生产需求，合理安排村域各类生产用地。主要包括以下内容：一是集中布置村庄手工业、畜禽养殖业等产业，污染工业尽量不在村庄中保留；二是合理布局村域耕地、林地以及设施农业等，确定其用地范围；三是结合水系保护利用要求，合理选择用于养殖的水体，合理确定养殖的水面规模。

3. 配套基础设施布局规划

在村域范围内确定公路、铁路、河流、水渠、电力线路、电信电缆、供热、燃气、变电站、给排水、防洪堤、垃圾处理等基础设施的位置及走向。

4. 耕地、乡村文化等自然资源及人文资源的保护规划

对基本农田、具有生态保护价值的自然保护区、水源保护地、历史文物古迹保护区、具有鲜明地方特色的自然和人文景区、重要防护绿地等要进行保护规划。

1.3.2 居民点规划

居民点规划要确定各类用地的空间布局，安排公共服务设施，落实基础设施，提出生态环境和历史文化控制保护要求等。

1. 空间布局

充分利用自然条件，合理安排村庄内居住建筑、公共建筑、生产建筑、基础设施和绿化等用地的空间布局，突出地方特色。

2. 公共服务设施布局

根据人口规模、产业特点以及经济社会发展水平，配套适用、节约、方便使用的文化活动室、健身场所、学校、卫生所、敬老院、托幼等公共服务设施。

3. 道路交通规划

道路交通规划主要内容包括确定道路等级与宽度、道路铺装形式和停车场设置等。

4. 基础设施规划

基础设施规划主要内容包括给排水工程、供电工程、电信工程、能源工程、环境卫生设施、绿化景观、防灾减灾以及竖向等规划。

5. 生态环境和历史文化保护规划

本部分规划要明确生态环境和历史文化控制保护的内容和范围。

1.4 编制规划时必须掌握的知识和技能

规划是一门综合性的学科，作为一个合格的规划工作者，必须具备以下知识和技能：

（1）城乡规划法规体系以及相关的规划理论知识和法规。

（2）查阅规划类文献、阅读规划类经典著作和优秀规划案例的能力。

（3）提高自身的写作水平和综合分析判断的能力。对规划及实施的解析必须准确、严

谨、庄重、精练、平实、规范。

（4）了解关联规划的习惯。国家有很多横向的规划，譬如经济发展规划、土地利用规划等，村庄规划必须和这些规划相衔接。

（5）提高计算机辅助设计、图面表达的能力。

1.4.1 城乡规划法规

法规是国家按照国家利益和社会意志制定和认可的，并以国家强制力执行的各类法律和作为法律规范的各类规章的总称。城乡规划法规是国家法规体系的一个组成部分。

1. 国家及有关部门法律法规

相关的国家及部门法律有：2008年1月1日正式施行的《中华人民共和国城乡规划法》；《镇规划标准》（GB 50188—2007）；原建设部《关于村庄整治工作的指导意见》（建村[2005]174号）；《村庄和集镇规划建设管理条例》（国务院令第116号）。

2. 地方法律法规及技术规范

各省市有各自的相关法规和标准。如浙江省有《浙江省村镇规划建设管理条例》、《浙江省村庄整治规划编制内容和深度的指导意见》及《浙江省村庄规划编制导则（试行）》（浙建村[2003]116号）等相关法规文件。

1.4.2 上位规划及相关规划材料

1. 上位规划

上位规划就是指上一层次的规划，一般情况下下位规划不得违反上位规划。对上位规划中说明得不明确的内容，可按规定进行协调和调整。

做村庄规划时，其上位规划主要包括几方面内容：县（市）域总体规划；县（市）域村庄布点（村镇体系）规划；城镇（乡）总体规划。

2. 相关规划

城市和乡村是一个复杂的巨系统，规划时除了要考虑其纵向关系外，还必须做好横向的衔接工作，在村庄规划中，必须做好和相关规划的衔接工作。如城镇（乡）土地利用总体规划；城镇（乡）经济社会发展规划；县（市）域和乡（镇）域基本农田保护规划等。

3. 其他规划

村庄总体规划及上轮村庄建设规划（或整治方案）；各有关专项规划，如交通规划等。

1.4.3 计算机辅助设计软件及图形的基本知识

1. AutoCAD

计算机辅助设计（Computer Aided Design，简称CAD），是指利用电子计算机系统具备的图形功能来帮助设计人员进行设计，它可以提高设计工作的自动化程度，缩短设计时间。

相比传统的手绘图样，CAD有如下优点：

1）提高修改、编辑设计成果的效率。

2）规划设计成果、建设项目申请与审批的成果更精确、更详细。

3）减少差错和疏漏。

4）使设计成果的表达更加直观、丰富。

5）便于资料保存、查询、积累。

6）突破了传统设计上的某些局限。

一份好的CAD图样要求做到图面表达清晰、准确。

清晰的要求是指所要表达的东西必须清晰，好的图样，看上去一目了然。一眼看上去，就能分得清图样在表达什么。除了图样打印出来很清晰以外，在显示器上显示时也必须清晰。图面清晰除了能清楚地表达设计思路和设计内容外，也是提高绘图速度的基础。

准确的要求是指不能出现错误，如200mm宽的墙体不能画成240mm；留洞不能尺寸上标注的是1000mm×2000mm，而实际测量是1250mm×2100mm；更常见的错误是，分明是3000mm长的一条线，量出来却是2999.87mm。制图准确不仅是为了好看，更重要的是可以直观地反映一些图面问题，对于提高绘图速度也有重要的影响，特别是在图样修改时尤为明显。

只有做到清晰、准确后，才能发挥CAD软件高效的特点（图1-9）。

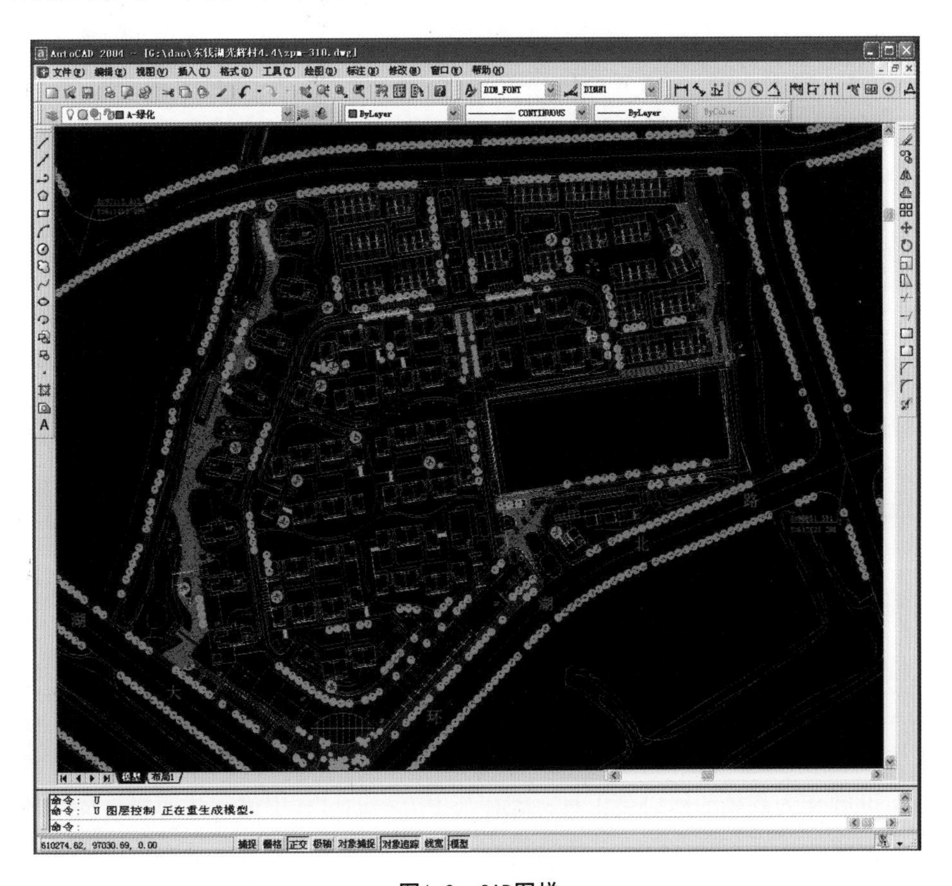

图1-9 CAD图样

2. Photoshop

Photoshop是Adobe公司旗下最为出名的图像处理软件之一，是集图像扫描、编辑修改、图像制作、广告创意、图像输入和输出等于一体的图形图像处理软件。

和CAD相比，Photoshop不是矢量软件，但可以绘制出比CAD色彩更协调、处理更方便的非矢量图。

在进行村庄规划的时候，可以先用CAD进行矢量绘图，再用Photoshop进行后期处理，使图样更加美观，更容易让非专业人士理解、读懂。同时，Photoshop可以对3D建模软件贴图的不足进行后期处理，使其效果更逼真（图1-10）。

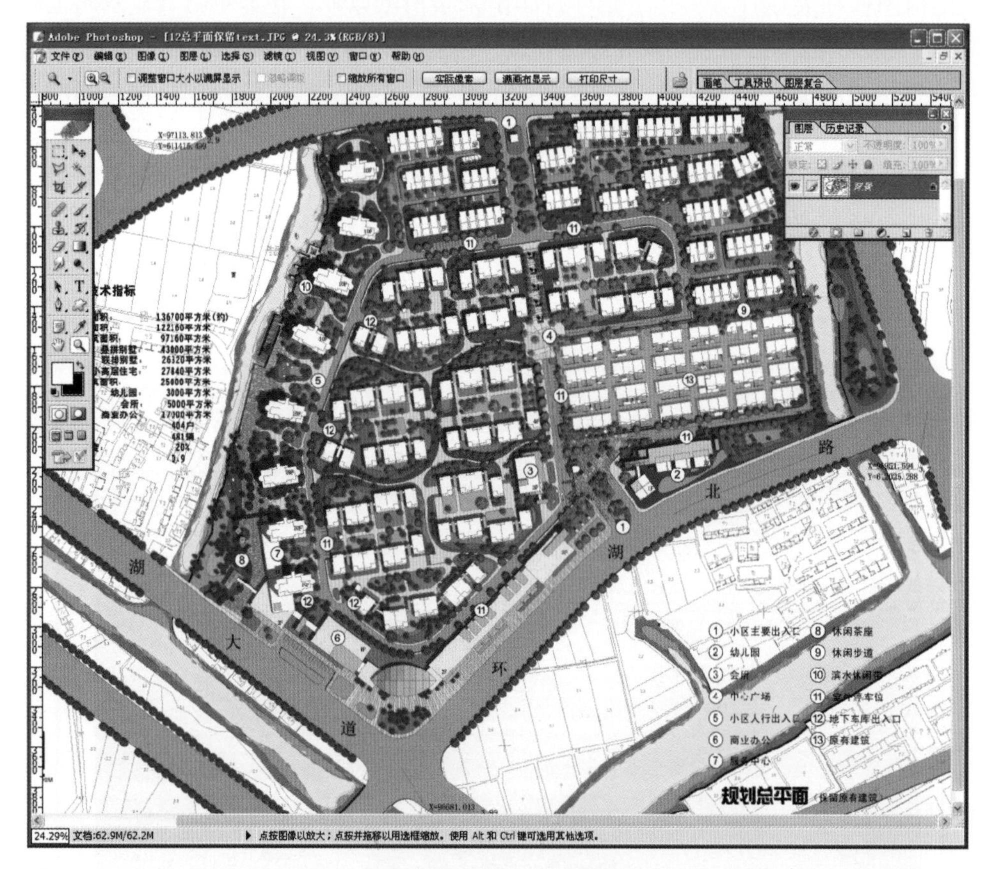

图1-10 Photoshop 图样

3. 3DMAX和SketchUp

3DMAX 和SketchUp 可以通过创建和展示引人注目的 3D 模型来表达复杂的空间概念，使用起来快捷直观，是以三维方式探索和展示构思的直观而又强大的工具。规划设计人员可以使用SketchUp 作为现场的研讨会工具，能在与甲方沟通过程中进行快速修改及探索各种可能性，有助于建立诚信、节省时间并最终得到更好的设计（图1-11）。为了达到精美的制作效果，可以用3DMAX结合渲染软件进行最终效果图的绘制（图1-12）。

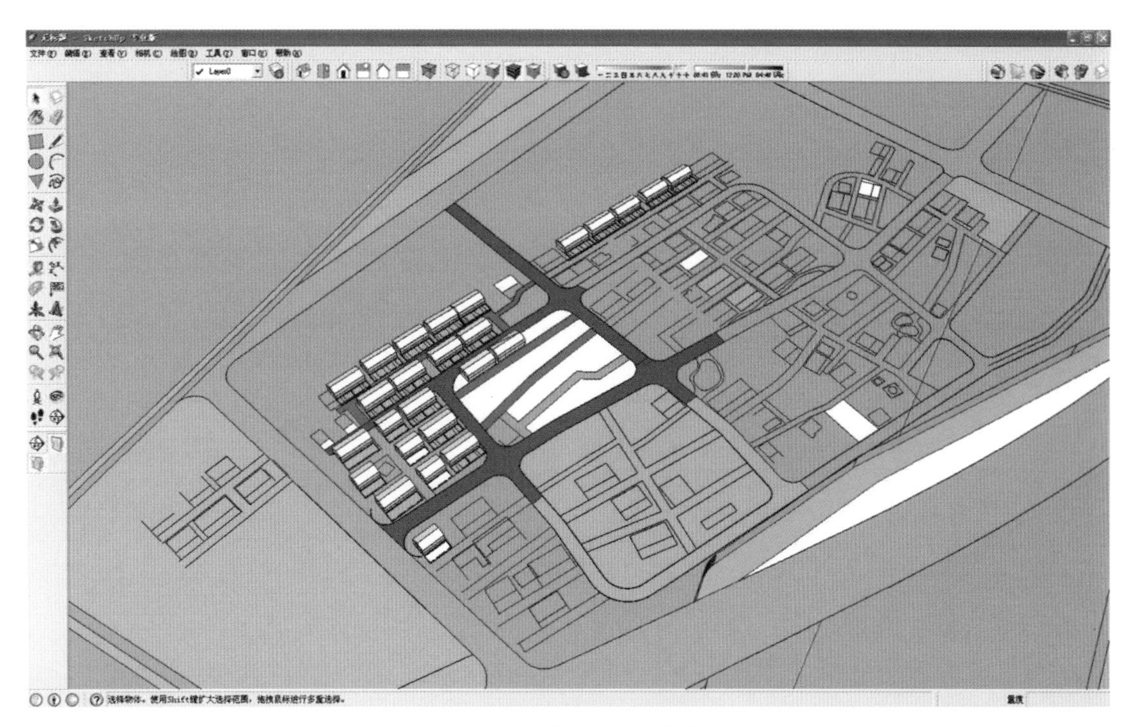

图1-11　SketchUp 图样

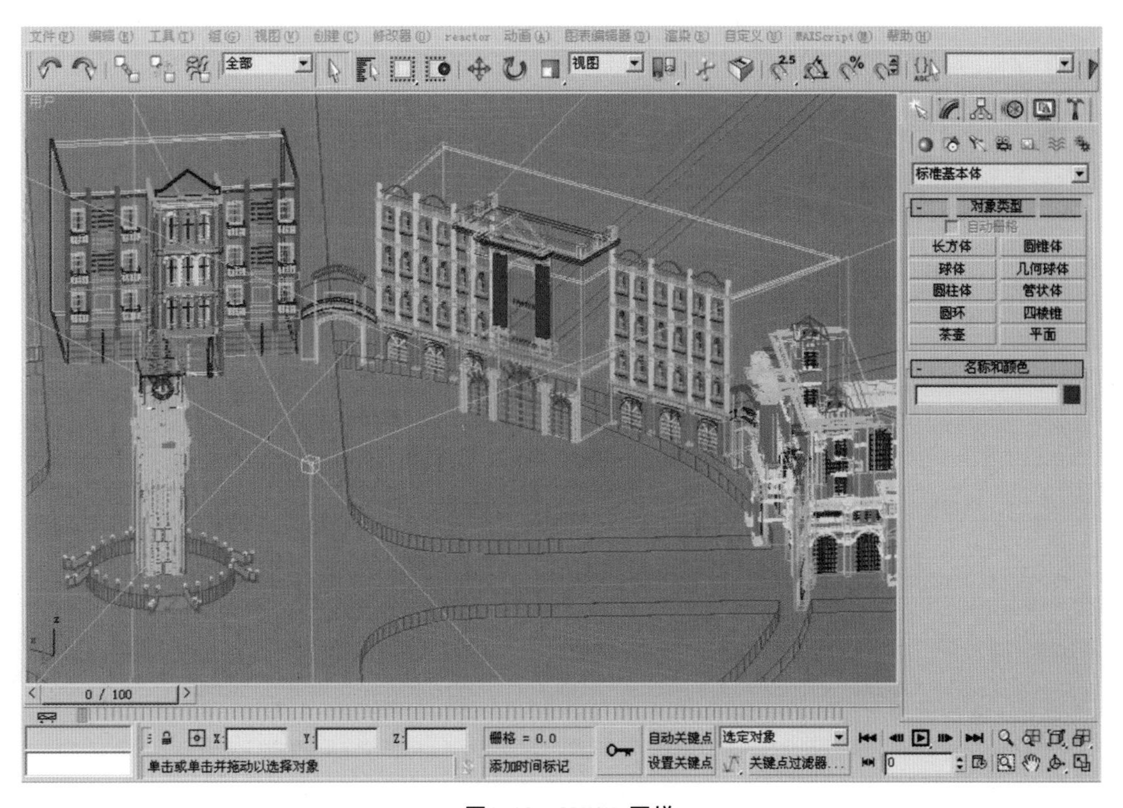

图1-12　3DMAX 图样

第2章 村庄规划设计调查的方式与内容

本章教学目标：了解基础资料调查的主要方法，理解基础资料调查的实质和用途，掌握规划基础资料调查的方式和主要内容，能够独立地完成村庄基础资料收集的提纲编写工作。

2.1 村庄规划调查的资料内容

由于村庄规划涉及经济、人口、自然、历史文化等诸多方面，因此村庄规划基础资料的收集及相应的调查研究工作同样必须涉及多方面内容。这些内容包括上位规划及相关规划对该村庄的定位、区域资源条件、自然条件、村庄历史资料、人口状况、社会经济现状、村庄建设情况、工程设施现状、公共设施现状、能源及环境状况等方面的内容。

2.1.1 上位规划及相关规划

调查的主要内容包括城镇体系规划、村庄布点规划等对该村庄的定位、规模，在村镇群中的等级、职能分工等。旅游规划、国土规划等相关规划中关于该村庄的内容。

2.1.2 地形图资料

任何建设活动都要落实到具体的空间上。在大多数情况下，村庄是依托现有的建成区域发展的。因此，村庄规划首先要掌握村庄现有的建筑物、构筑物的分布情况。如地形、地貌、河流、建筑及道路走向等。这类工作主要依靠地形测量图、航空摄影、航天遥感等专业技术获取的信息完成。

落实到现状调查中，常见的就是现状地形图的收集和整理。常见地形图类型分为矢量图和栅格图两种。栅格图是以图片格式存在的文件，在一些偏远或经济较差的地区尚未有数字地形图时会用到。目前比较常用的是矢量地图，它是数字化的地形图，能更准确细致地反应现状地形。如图2-1所示的地形图就是矢量图。

受各方面条件的限制，收集到的地形图往往不能和村庄现状完全一致，因此需要采用现场踏勘、观察记录等手段，进一步补充编制规划所需要的各类信息。例如：已批待建的建筑、正在建设的建筑、村民的柴房等附属设施用房等。

在村庄规划的不同阶段、不同目的，应选用不同比例尺的地形图。一般来说，村庄总体规划阶段使用1:2000的地形图，详细规划使用1:500或1:1000的地形图。

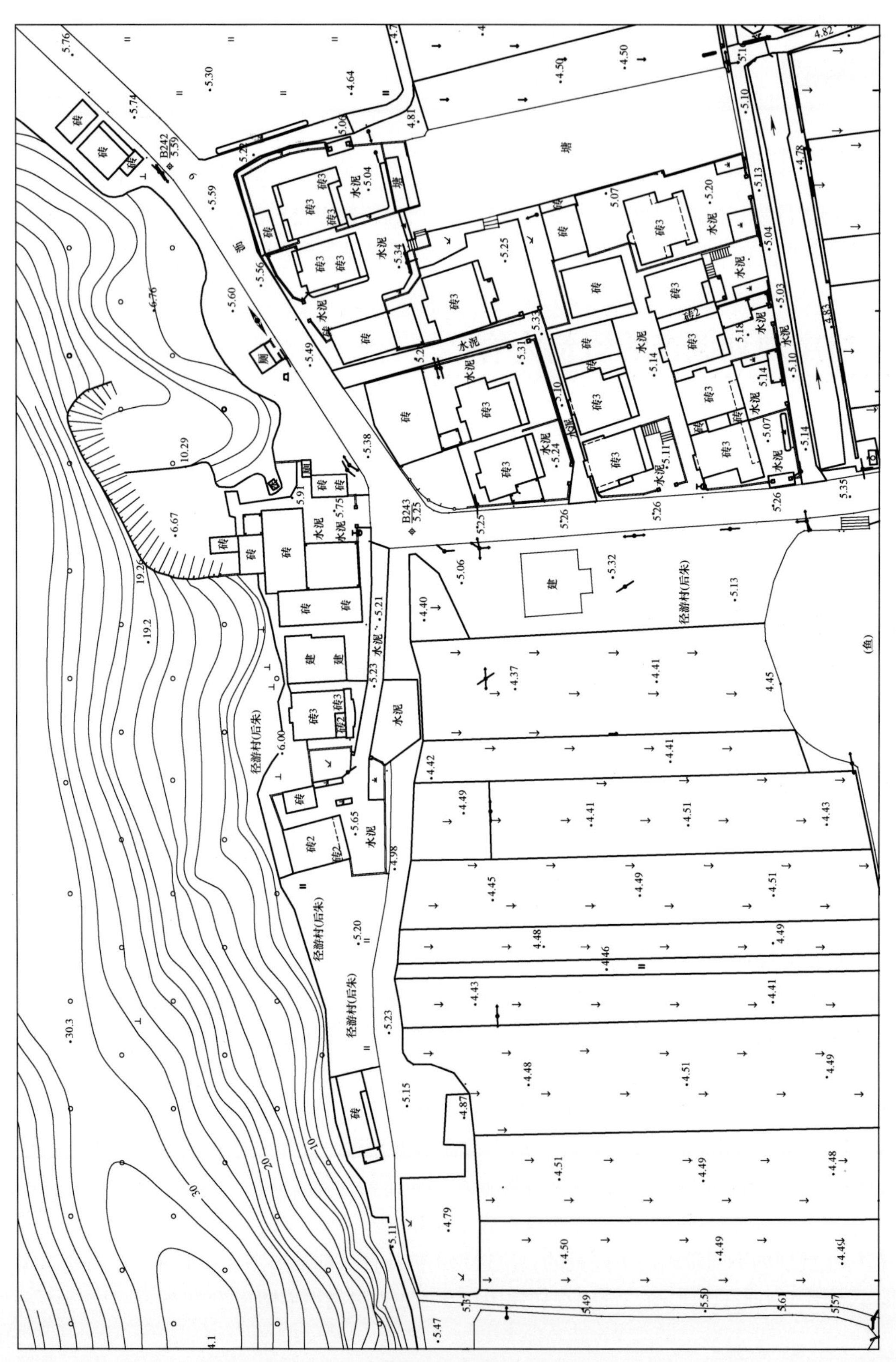

图2-1 地形图（矢量图）

力、供水方式、未来发展计划；给水管网分布情况、水压、管径、漏水率、发展计划；工业用水量、生活用水量、消防用水量及消火栓的分布等。

3. 排水

排水情况的调查内容包括：排水体制；污水主要来源、处理方式；排水普及率；下水管道总长度，管网走向，干管管径及出口位置和标高；防水处理情况雨水排除情况。

4. 供电

供电情况的调查内容包括：电厂或变电所的位置、容量；区域调节，输配电网络情况；村庄用电负荷特点，高压线走向等。

5. 通信

通信情况的调查内容包括：电信局所的位置、容量、建筑面积、用地面积；电话门数、线路走向、敷设方式，其他通信方式情况；广播电视差转台的位置、功率，建筑面积、用地面积。

6. 防洪

防洪情况的调查内容包括：防洪采用的形式、措施和体系，防洪标准；防洪堤的长度、布置形式、断面尺寸，防洪标高及防洪效果；泄洪沟的长度、断面尺寸、最大排水量、泄洪走向和出口位置、占地面积；其他设施的建筑面积、用地面积，防洪设施的各种水文数据及其简况。

除了以上调查内容外，村庄规划前还必须对相关规划及当地政策等做好基础调查。

2.2　村庄规划调查的方式

村庄现状资料的收集过程就是规划调查，它是城市规划的基本手段，只有通过调查才能把握对象的基本特征，揭示对象发展的客观规律，作出准确的判断，保证规划的顺利展开。规划调查首先要明确调查的目的，确定调查的方法，拟定调查内容、做好调查准备（制订调查问卷、绘制表格、确定调查对象等）。调查的方式大体上可分为：现场踏勘，访问、座谈，资料调查三类。

1. 现场踏勘

编制规划前必须进行现场踏勘，从而通过自己的眼睛去观察、感受和确认规划对象的地形、地貌、构筑物、周围状况等特征，获取制订规划方案所需的第一手资料，使规划人员建立对调查对象的感性认识，弥补文献、统计资料乃至各种图形资料的不足。有一些资料因为年代久远或者村庄变化较大，也需要通过现场踏勘进行修订。现场踏勘前，必需阅读相关资料、准备调查工具（如照相机或录像机、地图、测量工具）等。

2. 访问、座谈

根据调查提纲，采用访问、问卷、座谈的方式向有关部门进行资料收集。主要是有关村庄所在地的区域经济、交通组织、居民点分布等方面的资料；向当地发改委及有关村庄建设、工业、商业、教育、文化、民生、民政、交通、地质、气象、水利、电力、环保、公安等部门了解有关村庄现状与长远发展的计划资料。

3. 资料调查

资料调查是最传统的调查方法，主要包括相关研究文献的检索和资料的收集。一般是从已有的统计年鉴或一些部门的统计资料中，获取一些对研究有用的数据，保证规划的顺利进行。

在实际调查中，不可能局限于一种调查方法，往往是多种方法共同使用。不同调查方法结论的相互验证和补充，是保证数据真实性和准确性的重要手段。随着社会的发展，一些新的调查方法也逐渐在规划资料收集中得以应用，如通过展示、互联网、电视等工具公开调查内容，征求公众意见的方法越来越受到广泛的应用。

调查必须做到“三勤两多”。三勤:脚勤，要多走，以步行为最好，在行走中把村庄的地形、地物、地貌调查清楚；眼勤，要仔细看、全面看，对特殊的情况多看并记录下来，发现问题时应寻找规划改变的方法；手勤，把实地调查中看到的情况记录下来，把地形测量图中不符合实际或遗漏的地方修改填补完整，因为地形图测量后有许多地形、地物等人为地产生了变化，应及时进行更新。两多：一是多问，即多向当地有关单位和主管人员进行询问和请教；二是多研究，对调查发现的现状情况要反复研究。

2.3 资料收集的练习

根据下面给出的基础资料，编制基础资料汇编，同时依据本章的现状调查的内容，对基础资料进行简单的分析（由于涉及地方的经济发展状况、工业企业的运营状况等内容，此处省去县、镇、村等的具体名称）。

××镇位于某县县境西部，曾名××镇，1947年划归某县。1948年由××人民公社改设××镇，镇人民政府驻地在县城西北29公里处。

该镇地域内建有小型水库一座。乡办企业有农机修配厂、农具厂、亚麻加工厂、砖厂等和油坊。鹤岗—大连公路经过此地。

该镇2000年末镇域人口为2.8万人，其中流动人口8600人，非农业人口4958人。镇区有人口1.27万人。

镇域共有劳动年龄内人口32801人，其中劳动年龄内上学人口1599人；劳动年龄内丧失劳动能力人口507人，不足或超过劳动年龄而实际参加劳动的人口有3084人。

2000年，该镇绵羊毛产量为15吨，全部为半细羊毛。肉类总产量为2510吨，禽蛋产量为951吨。

2000年，该镇共出栏猪18843头，出栏牛7875头，出栏羊4542头，家禽共计出栏18万只。

截至2000年来，该镇共有存栏大畜禽16601头，其中有黄牛15452头，奶牛62头，马、驴、骡1025头，其中存栏马有564头，存栏驴266头，存栏骡195头。存栏山绵羊共有10014头，其中绵羊8778头，山羊1236只。存栏猪共有2088头。能繁殖的牲畜3373头，公猪347头，65公斤以上的肥猪13120头。

全镇共有公路153公里，村委会54个。实现了村村通汽车，村村通电，通电话村为44个，覆盖率为81.48%。自来水受益村为34个，自来水普及率为62.96%。全镇共有15936户，其中农业户14548户，约占91.52%。

该镇现有链轨式大中型拖拉机56台，轮式84台。小型拖拉机2026台，其中小四轮1109台，占54.74%。联合收割机34台，农用载重汽车21台，排灌动力机械141台。

该镇现有大中型配套农具261台，其中机引犁43台，机引耙54台，机引播种机15台，中耕机12台，旋耕机16台。小型配套农具主要有犁、耙等。其中有犁846台，耙99台，播种机小计1310台，精少量机械1051台。

该镇现有农业机械总动力3.6万千瓦，其中柴油发动机动力3.2万千瓦，电动机动力0.3万千瓦。农用排灌动力机械共170台，1939千瓦。其中柴油机168台，1654千瓦；电动机2台，2854千瓦。

该镇农作物总播种面积24278hm^2，共有三大类，十余个品种。

粮豆薯类作物总面积21857m^2，总产量21831吨；小麦总种植面积408hm^2，总产量136吨；玉米总种植面积7165hm^2，总产量43953吨。

大豆总种植面积7416hm^2，总产量12674吨；杂豆种植面积为75hm^2，总产量66吨；薯类种植面积515hm^2，总产量1212吨。

经济作物种植面积为1587hm^2，其中油料种植面积416hm^2，总产量735吨。麻类种植面积983hm^2，总产量4932吨；种植甜菜163hm^2，总产量4075吨；烟叶种植面积22hm^2，产量44吨。

蔬菜瓜类种植面积为629hm^2。其中蔬菜（含菜用瓜）种植面积437hm^2，产量3818吨；瓜类种植面积192hm^2，产量832吨。

该镇2000年农村用电量为563万千瓦时，农用化肥施用量按实物量计算3266吨，其中氮肥1394吨，磷肥1350吨，钾肥180吨，复合肥342吨。农用塑料薄膜使用量76吨，其中地膜使用量43吨，覆盖面积601hm^2，农用柴油2440吨，农用使用量23吨。

该镇部分公共设施情况统计表见表2-1～表2-3。

表2-1 ××镇学校统计表

学校名称	职工人数	教师人数	在校学生	班级（个）	学校占地面积/m^2	建筑面积/m^2	校舍质量
××镇中学	19	132	1120	24	15000	4500	年久失修
××镇中心校	9	58	620	12	13000	3700	教学楼（优）
××镇第二小学	5	23	340	6	11000	2000	教学楼（优）

表2-2　××镇非市属机构统计表

单位名称	所　属	职工人数	占地面积/m^2	建筑面积/m^2
地税局	县	2	280	200
国税局	县	2	350	250
工商局	县	5	125	250
公安分局	县	14	430	380
银行	县	12	806	600
信用社	县	8	250.10	585.60
电信	县	7	253	264
邮局	县	6	414	432

表2-3　××镇商业、饮食、服务、网点统计表

各类行业名称	集　体		个　体	
	店铺数	职工人数	店铺数	职工人数
商业			110	246
××镇供销社	47	105		
修理业			31	68
服务业			28	38
饮食			31	106

××镇医院占地2800平方米，建筑面积1800平方米。现有职工98人，其中医护人员71人，床位44张。年用水量100吨，年用电量3500度。

××粮库库容75146吨，占地18万平方米，建筑面积2881平方米，现有职工155人，年用水900吨，年用电123度。××粮库义务消防队位于粮库内，现有人员14人。目前消防队有大型消防车一台，灭火器20个，防火沟40个，防火桶72个，铁锹12个。

该镇全年用电351万千瓦时，其中工业用电34万千瓦时，农业用电4万千瓦时，居民用电222万千瓦时，工业企业用电91万千瓦时。

镇区内现有固定电话2096部，其中居民固定电话2048部，单位、企业、机关、工业固定电话48部。现存电话普及率50%。

（注：本基础资料根据教学需求有所更改。）

第3章 村庄空间的组织与布局规划

3.1 村庄建设用地选择的原则与评价

3.1.1 用地选择的基本原则

村庄建设用地选择是村庄规划的一项重要工作，要求在用地的质量上和数量上都能满足村庄建设的要求。

从质量上来说，不仅是指所选择的村庄建设用地地理位置优越，能适应农村管理体制和发展农业生产的要求，还应满足村庄生产、生活、交通、环境、景观、安全等方面的要求，而且各类用地的布局必须合理，以适合村民居住、提高土地集约利用的水平。从数量上而言，不仅要使村庄建设用地在范围、大小、形状上能满足村庄现状和规划期内人口变化的需要，还要考虑到近远期发展结合，留有发展余地。

选择村庄建设用地，包括新建村庄建设用地的选择，也包括村庄改建、扩建用地的选择。用地选择时要考虑以下原则：

1. 有利生产，方便生活

村庄建设用地的选择，既要考虑到农村生产活动，又要方便日常生活。

从有利于生产的角度看，要充分考虑农业基本建设的成果和规划，村庄建设用地相对集中，居民点最好靠近耕作区（或林区、牧场）附近，便于开展生产活动和相互间的联系，便于组织管理，有利于提高生产率。同时还要考虑到村庄生产企业的布局，兼顾企业的发展。

从方便生活的角度看，要满足村民工作、学习、购物、娱乐、医疗等方面的需求，创建一个适宜人们居住的生活环境。

2. 适宜建筑

村址宜选择在地势高爽、土质坚实、水源充足、交通方便、易于排水、不易浸水潮湿，并且不靠近台风口、震源的地方。避免铁路、公路穿越居民点，以保安全，防止污染。如确实需要在公路边建房时，必须在省道、县道等交通干道边留出安全距离。

在平原地区选址，应避免低洼地、河滩地、古河道、沙丘、地震断裂带和大坑回填区；在山区和丘陵地带选址，应避开断层、滑坡、泥石流、地下溶洞以及正在发育的山洪冲沟地段。另外，在峡谷、险滩、淤泥地带、洪水淹没区也不宜建村庄。在地震烈度7度以上地区建村庄，应考虑建筑抗震设防。

确定村址后，一般应选择地势较高、日照条件良好的地段建造住宅。要求地形最好是平地或向阳坡，坡度一般在0.4%～4%之间为宜，小于0.4%的不利于排水，大于4%则不利于建筑布置和交通。在黄土塬上建设下沉式窑洞村庄时，不可选择暴雨时容易发生倒灌积水的场地；在建设崖窑的地区，应尽量选择向阳坡和可以打窑洞的山坡、崖坎，并考虑好道路进出。

3. 水源充足

良好的水源，历来是中国人选择居住地时首要考虑的一个因素。只有充足的水源，才能保证生活、生产的用水需要，才能保证村庄的可持续发展。因此，村庄选址应靠近江河、湖泊、泉水或者地下水源的地方。

4. 交通便利

村庄建设用地宜靠近公路、河流和车站码头，与农田之间有便捷的联系，有利于物资运输，方便生产生活，也有利于提高农业机械化水平。

但是也应该注意，应避免铁路、高速公路、公路、河流等穿越村庄，以免影响村庄的环境和安全，也可减少桥梁等的投资。

5. 环境适宜

村庄用地应尽可能选择依山傍水、环境宜人的地区。不可将村庄布置在有污染的工厂的常年下风向、下游地带，也不应在地方性甲状腺肿、地方性氟中毒、麻风病等地方病易发地区新建村庄。

6. 节约土地，不占良田

村庄选址规划要做到节约用地，尽量利用废弃地、荒地，不准随意占用耕地。必须占用少量耕地时，要经相关部门批准。

村庄建设用地应紧凑布局，避免分散布局；村庄改建合并时，应适当合并分散村落；有条件的地方，可适当提高建筑层数，达到节约土地的目的。

7. 便于管理

按照我国现行行政管理体制，农村建设按集镇、中心村、基层村三级管理。选择村庄建设用地时，应该注意便于日常管理，尽可能集中布置。

另外，村庄用地相对集中，也有利于基础设施和公建设施的配套，提高规模效益，减少重复投资。

8. 留有发展余地

选择村庄建设用地时，应当为村庄未来的发展留有余地，在村庄体系规划的框架内，做到村庄建设的近远期结合，解决好远期发展用地需求。

3.1.2 村庄建设用地综合评价

村庄规划之前，必须对建设用地进行评价，作为规划及建设用地选址的依据。首先应该对用地的地形和地质条件进行分析。按照是否适合建设、安全程度、工程造价等因素，对村庄建设用地进行评价，一般可将村庄建设用地分为三类。

一类用地：适合于修建的用地，是指用地的工程地质等自然环境条件比较优越，能适应村庄各项建设的要求，一般不需或只需稍加工程措施即可用于建设的用地。

二类用地：基本上可以修建的用地，是指需要采取一定工程措施，改善条件后才能用于各项建设的用地。它对村庄基础设施、工程设施和建筑的分布有一定限制。

三类用地：不适于村庄建设的用地，是指条件很差、不宜用于建设的用地。当然，在现代工程技术条件下，几乎没有绝对不可建设的用地。所谓不宜用于修建的用地，是指用地的建设条件极差，必须使用特殊工程技术手段才能用于建设的，投入的成本过高。这取决于技术的可行性和经济的合理性。

三类用地的划分并不是一成不变的。不同村庄由于各自的条件不同，划分标准也不尽相同；同一村庄，因为自身的发展需要以及工程技术的不断进步，建设用地的划分标准也在不断变化。

通常可以通过对村庄的地形、高程、坡度、坡向的综合分析，得出用地评价图。如图3-1所示即是利用ArcGIS等软件，对某村庄的地形进行分析后得到的结果，这些结果可作为下一步村庄规划及建筑选址的依据。

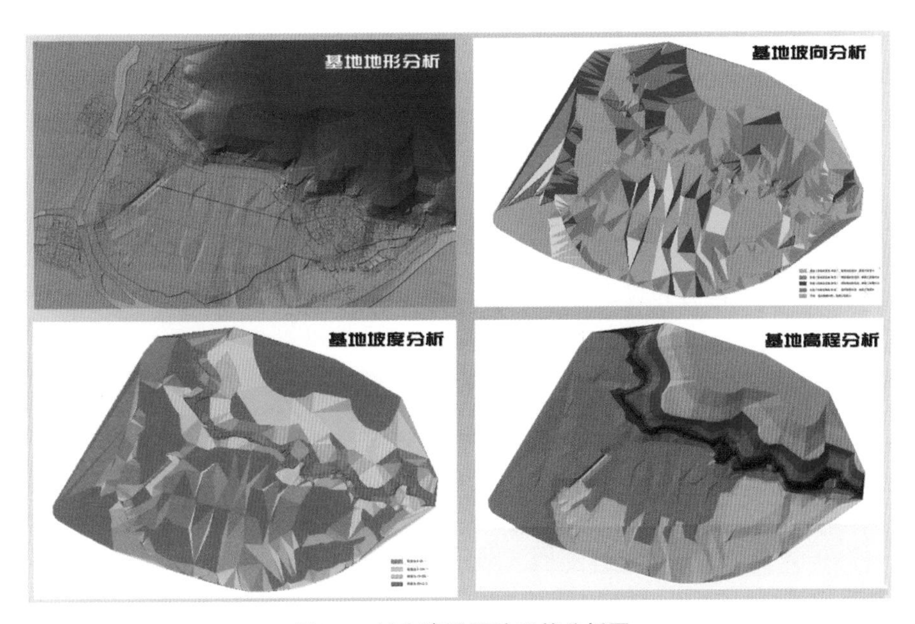

图3-1　村庄建设用地现状分析图

对村庄的用地评价，除了对建设用地的地质条件进行评价外，还需对用地的其他条件进行综合评定以得出结论。用地评定是一项综合的、复杂的工作，在实际工作中，可以先根据某一条件做出单项的评定，再将几个单项评定结果综合分析，最后得出村庄用地的评定结果。

村庄建设用地的选择应根据地理位置和自然条件、占地的数量和质量、现有建筑和工程设施的拆迁和利用、交通运输条件、建设投资和经营费用、环境质量和社会效益等因素，经过技术经济比较，择优确定。

村庄建设用地宜选在生产作业区附近，并应充分利用原有用地调整挖潜，同基本农田保护区规划相协调。当需要扩大用地规模时，宜选择荒地、薄地，不占或少占耕地、林地和人工牧场。村庄建设用地宜选在水源充足、水质良好、便于排水、通风向阳和地质条件适宜的地段。

村庄建设用地应避开山洪、风口、滑坡、泥石流、洪水淹没、地震断裂带等自然灾害影响的地段；并应避开自然保护区、有开采价值的地下资源和地下采空区。村庄建设用地应避免被铁路、重要公路和高压输电线路所穿越。

3.2 村庄的用地组织与布局

3.2.1 村庄规划的人口预测

人口是村庄规划中各类指标分配的主要依据之一。一个地区人口状况的变动受社会、经济和人口自身等各方面因素的影响，表现为两种变动。一种是人口自然变动，即由出生和死亡所引起的人口数量的增减；另一种是人口迁移变动，即人口在空间上的移动。人口的迁移变动也被称作人口机械变动，从广义上讲，它包括改变定居地点的永久性迁移和暂时性移动，而从狭义上讲，人口迁移只包括改变常住地点的人口移动。一般表现为经济落后地区向经济发达地区迁移。现实所说的人口机械增长便是由狭义上改变户口登记地的人口迁移变动所产生的差值。

农村的人口资料来源于村庄历年的国民经济统计资料和人口普查资料。这些资料反映了人口的数量、结构、空间分布等参数的变动，反映了社会经济各方面的发展，也是村庄规划的主要依据之一。

人口预测有很多种方法，这里仅介绍村庄规划中常用的预测方法，在实际工作中，可以根据村庄具体情况选择一种或几种方法相互校核使用。

人口的增长包括人口自然增长和人口机械增长。人口的自然增长是指一定时期内（通常为一年）出生人数减去死亡人数而引起的增长。当死亡人数大于出生人数时为负增长。

人口自然增长率是指在一定时期内（通常为一年）一定地区的人口自然增加数（出生人数减死亡人数）与该时期内平均人数（或期中人数）之比，一般用千分率表示。人口自然增长率是反映人口发展速度和制定人口计划的重要指标，也是计划生育统计中的一个重要指标，它表明人口自然增长的程度和趋势。人口自然增长率K的计算公式为：

$$K=（年内出生人数-年内死亡人数）/年平均人口数\times 1000‰$$

人口的机械增长是指一地区在一定时期内（通常为一年）人口迁入超过迁出而引起的增长。人口的机械增长主要受社会因素影响，例如经济发达的地区人口的机械增长速度快，而经济落后的地区则较慢，甚至是负增长。

考虑自然和社会多种因素对村庄人口变动的影响，自然因素导致人口的自然增长；社会因素导致人口的机械增长。根据村庄人口变动的客观规律，确定村庄人口的预测模型为：

$$Q=Q_0（1+K）^n+P$$

式中 Q——总人口预测数（人）；

Q_0——总人口现状数（人）；

K——规划期内人口的自然增长率（‰）；

P——规划期内人口的机械增长数（人）；

n——规划期限（年）。

其中，$Q_0(1+K)^n$测算的是村庄人口的自然增长；P测算的是村庄人口的机械增长。

3.2.2　村庄用地的分类

确定了村庄的建设用地的范围，接下来要谋划村庄的内部用地的结构和组织。在做这项工作之前，首先必须了解在规划上对村庄用地分类的要求。

村庄用地按土地使用的主要性质的不同，可划分为居住建筑用地、公共建筑用地、生产建筑用地、仓储用地、对外交通用地、道路广场用地、公用工程设施用地、绿化用地、水域和其他用地，共9大类28小类。

村庄用地的类别在规划中采用字母与数字结合的代号，适用于规划文件的编制和村庄用地的统计工作。

村庄用地的分类和代码应符合表3-1的规定。

表3-1　村庄用地分类表

代码		类别名称	范　围
大类	小类		
R		居住建筑用地	各类建筑建筑及其间距和内部小路、场地、绿化等用地；不包括路面宽度等于和大于3.5m的道路用地
	R_1	村民住宅用地	村民户独家使用的住房和附属设施及其户间间距用地、进户小路用地；不包括自留地及其他生产性用地
	R_2	居民住宅用地	居民户的住宅、庭院及其间距用地
	R_3	其他居民用地	属于R_1、R_2以外的居住用地，如单身宿舍、敬老院等用地
C		公共建筑用地	各类公共建筑及其附属设施、内部道路、场地、绿化等用地
	C_1	行政管理用地	政府、团体、经济贸易管理机构等用地
	C_2	教育机构用地	幼儿园、托儿所、小学、中学及各类高中级专业学校、成人学校等用地
	C_3	文体科技用地	文化图书、科技、展览、娱乐、体育、文物、宗教等用地
	C_4	医疗保健用地	医疗、防疫、保健、休养和疗养等机构用地
	C_5	商业金融用地	各类商业服务业的店铺、银行、信用、保险等机构，及其附属设施用地
	C_6	集贸设施用地	集市贸易的专用建筑和场地；不包括临时占用街道、广场等设摊用地
M		生产建筑用地	独立设置的各种所有制的生产性建筑及其设施和内部道路、场地、绿化等用地
	M_1	一类工业用地	对居住和公共环境基本无干扰和污染的工业，如缝纫、电子、工艺品等工业用地
	M_2	二类工业用地	对居住和公共环境有一定干扰和污染的工业，如纺织、食品、小型机械等工业用地
	M_3	三类工业用地	对居住和公共环境有严重干扰和污染的工业，如采矿、冶金、化学、造纸、制革、建材、大中型机械制造等工业用地
	M_4	农业生产设施用地	各类农业建筑，如打谷场、饲养场、农机站、育秧房、兽医站等及其附属设施用地；不包括农林种植地、牧草地、养殖水域
W		仓储用地	物质的中转仓库、专业收购和储存建筑及其附属道路、场地、绿化等用地
	W_1	普遍仓储用地	存放一般物品的仓储用地
	W_2	危险品仓储用地	存放易燃、宜爆、剧毒等危险品的仓储用地

（续）

代码		类别名称	范　围
大类	小类		
T		对外交通用地	村镇对外交通的各种设施用地
	T_1	公路交通用地	公路站场及规划范围内的路段、附属设施等用地
	T_2	其他交通用地	铁路、水运及其他对外交通的路段和设施等用地
S		道路广场用地	规划范围内的道路、广场、停车场等设施用地
	S_1	道路用地	规划范围内宽度等于和大于3.5m以上的各种道路及交叉口等用地
	S_2	广场用地	公共活动广场、停车场用地；不包括各类用地内部的场地
U		公用工程设施用地	各类公共用地和环卫设施用地，包括其建筑物、构筑物及管理、维修设施等用地
	U_1	公用工程用地	给水、排水、供电、邮电、供气、供热、殡葬、防灾和能源等工程设施用地
	U_2	环卫设施用地	公厕、垃圾站、粪便和垃圾处理设施等用地
G		绿化用地	各类公共绿地、生产防护绿地；不包括各类用地内部的绿地
	G_1	公共绿地	面向公众、有一定游憩设施的绿地，如公园、街巷中的绿地、路旁或临水宽度等于和大于5m的绿地
	G_2	生产防护绿地	提供苗木、草皮、花卉的园地，以及用于安全、卫生、防风等的防护林带和绿地
E		水域和其他用地	规划范围内的水域、农林种植地、牧草地、闲置地和特殊用地
	E_1	水域	江河、湖泊、水库、沟渠、池塘、滩涂等水域；不包括公园绿地中的水面
	E_2	农林种植地	以生产为目的的农林种植地，如农田、菜地、园地、林地等
	E_3	牧草地	生长各种牧草的土地
	E_4	闲置地	尚未使用的土地
	E_5	特殊用地	军事、外事、保安等设施用地；不包括部队家属生活区、公安消防机构等用地

图3-2是根据规划图的制图要求绘制的某村建设用地规划图。

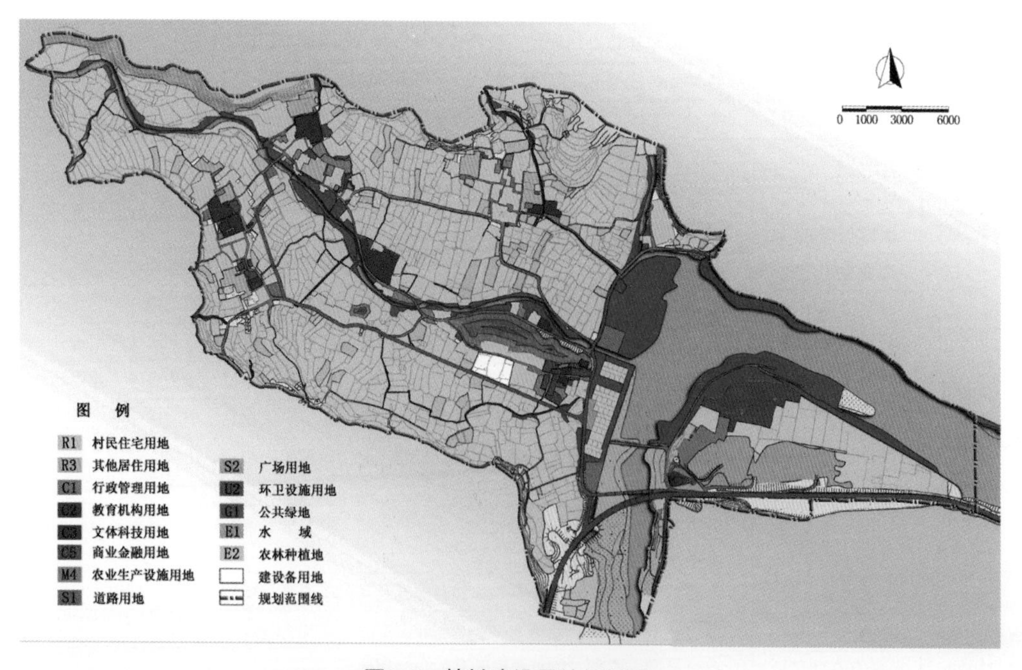

图3-2　某村建设用地规划图

3.2.3 村庄用地的标准

村庄建设用地应包括表3-1村庄用地分类表中的居住建筑用地、公共建筑用地、生产建筑用地、仓储用地、对外交通用地、道路广场用地、公用工程设施用地和绿化用地八大类之和。

建设用地标准包括人均建设用地指标和建设用地构成比例两部分。

1. 人均建设用地指标

村庄人均建设用地指标，是指规划范围内的建设用地面积除以常住人口数量的平均数值。人口统计应与用地统计的范围相一致。

村庄人均建设用地指标应按表3-2的规定分为五级。

表3-2　人均建设用地指标分级

级别	一	二	三	四	五
人均建设用地指标/（m^2/人）	> 50 ≤60	> 60 ≤80	> 80 ≤100	> 100 ≤120	> 120 ≤150

对于新建村庄的规划，其人均建设用地指标宜按表3-2中第三级确定；当发展用地偏紧时，可按第二级确定。

用地紧张地区的村庄可选用表3-2中第一级的用地指标。

对已有的村庄进行规划时，其人均建设用地指标应以现状建设用地的人均水平为基础，根据人均建设用地指标级别和允许调整幅度确定，并应符合表3-3的规定。

一些地多人少的边远地区的村镇，可以根据所在省、自治区政府规定的建设用地指标确定，但应符合上位规划的要求。

表3-3　人均建设用地指标调整

现状人均建设用地水平/（m^2/人）	人均建设用地指标级别	允许调整幅度/（m^2/人）
≤50	一、二	应增5～20
50.1～60	一、二	可增0～15
60.1～80	二、三	可增0～10
80.1～100	二、三、四	可增、减0～10
100.1～120	三、四	可减0～15
120.1～150	四、五	可减0～20
> 150	五	应减至150以内

注：允许调整幅度是指规划人均建设用地指标对现状人均建设用地水平的增减数值。

2. 建设用地构成比例

村庄规划中，中心村的居住建筑、公共建筑、道路广场及绿化用地中公共绿地四类用地占建设用地的比例宜符合表3-4的规定。

表3-4　中心村主要建设用地构成比例

类别代号	用地类别	占建设用地比例/（%）
R	居住建筑用地	55～70
C	公共建筑用地	6～12
S	道路广场用地	9～16
G	公共绿地	2～4
四类用地之和		72～92

基层村建设用地构成比例可参照表3-4执行。通勤人口和流动人口较多的中心村，其公共建筑用地所占比例宜选取规定幅度内的较大值。邻近旅游区及现状绿地较多的村庄，其公共绿地所占比例可大于6%。

3.2.4　村庄用地平衡

村庄是一个有机的整体，无论是新建村还是整治村，这个有机体都要求在生产生活各方面能够协调发展，反映在村庄用地上就必然存在着一定的内在联系。在村庄规划中，通过编制用地平衡表，分析村庄规划各项用地间的数量关系，反映现状及规划方案中各项用地的内在联系，为合理分配村庄建设用地提供必要的依据。在规划文本中，以村庄建设用地平衡表的方式列出，见表3-5。

表3-5　村庄建设用地平衡表

用地代码		用地名称	现状____年			规划____年		
			面积/hm²	比例（%）	人均/（m²/人）	面积/hm²	比例（%）	人均/（m²/人）
R		居住建筑用地						
	R_1	村民住宅用地						
	R_2	居民住宅用地						
	R_3	其他居民用地						
C		公共建筑用地						
	C_1	行政管理用地						
	C_2	教育机构用地						
	C_3	文体科技用地						
	C_4	医疗保健用地						
	C_5	商业金融用地						
	C_6	集贸设施用地						
M		生产建筑用地						
	M_1	一类工业用地						
	M_2	二类工业用地						
	M_3	三类工业用地						
	M_4	农业生产设施用地						
W		仓储用地						
T		对外交通用地						

（续）

用地代码		用地名称	现状____年			规划____年		
			面积/hm^2	比例（%）	人均/（m^2/人）	面积/hm^2	比例（%）	人均/（m^2/人）
S		道路广场用地						
U		公用工程设施用地						
G		绿化用地						
村庄建设用地				100			100	
E		水域和其他用地						
	E_1	水域						
	E_2	农林种植地						
	E_3	牧草地						
	E_4	闲置地						
	E_5	特殊用地						
村庄规划范围用地								

3.2.5　村庄用地组织与布局

影响居住建筑用地分布的主要因素有以下几个方面：

（1）自然条件：主要是村庄用地的地形、地貌，当地气候特征以及当地居住生活习惯等。平原地区、水网地区、山地丘陵有所不同；寒冷、炎热地区也会不同。因此在布局居住用地时，不可强求统一，要充分考虑当地的自然条件。

（2）交通运输条件：居住建筑用地与生产建筑用地之间交通联系是否便捷；与外部的交通联系是否便利，这也会影响到居住建筑用地的布局。

（3）工业生产的性质、规模和布置：工业生产建筑的集中或分散布局，尤其是乡镇若干较大型工业的分布，会对居住建筑用地起到决定性的影响。这主要由几方面因素决定：不同性质工业对防护距离的要求、职工上下班的便利性、工业生产的交通运输等。

图3-3是某村在综合考虑了地形地貌、周边交通以及现状村庄用地的基础上，提出的村庄功能布局方案。

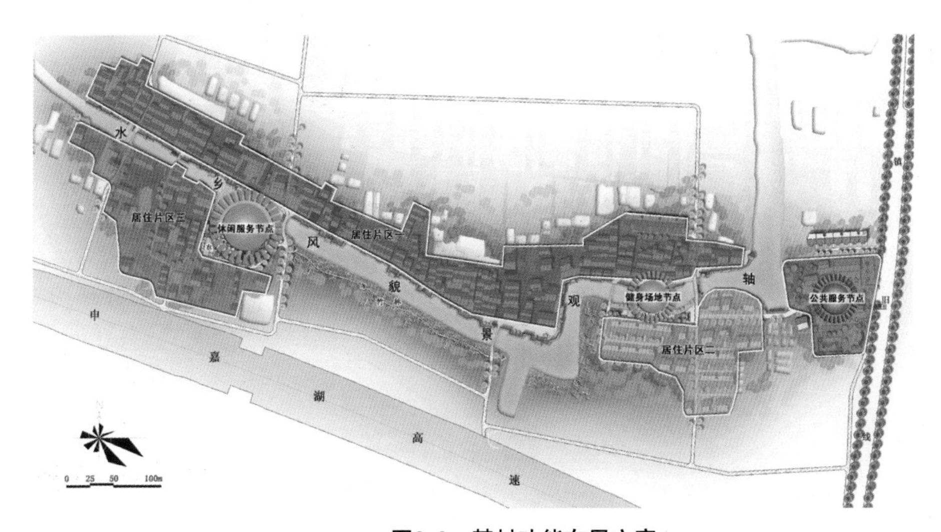

图3-3　某村功能布局方案

3.3 村庄居住建筑的空间布局形式

村庄建设的组成要素多种多样，涉及村民的生产生活、社会人文、环境景观等多个方面，但主要的组成要素有居住建筑、公共建筑、生产建筑、仓储、道路交通等几大类。这些组成要素在规划中涉及多方面因素，需要统筹兼顾、全面协调，使各组成要素既能各得其所，又有有机联系。

村庄是人类定居点的一种形式，创建良好的人居环境是村庄规划的一个主要目标。居住建筑用地在村庄建设用地中所占的比重较高，由几种不同类型的住宅用地组成，主要包括村民住宅用地、居民住宅用地和其他居住用地，并包含住宅间的场地、宅间绿地和内部小路。

从村庄建设用地空间的组织与布局看，一般有行列式、周边式、自由式、混合式等几种形式。

3.3.1 行列式

行列式布局常见于地形较平坦、地块较完整的建设用地，区内没有明显的自然或人工障碍物，居住建筑布局主要考虑日照及消防间距、道路布置、绿化景观构造等因素。这种布局方式用地节约、道路和工程管线紧凑，可以减少基础设施投资。另外，在建成使用时，村民生活在交通、能耗、时耗等方面也相对有利。但行列式布局容易造成村庄景观的呆板单调，在规划设计时应有意识地通过各种设计手段予以修正。

图3-4是村庄居住建筑的行列式布置方式。

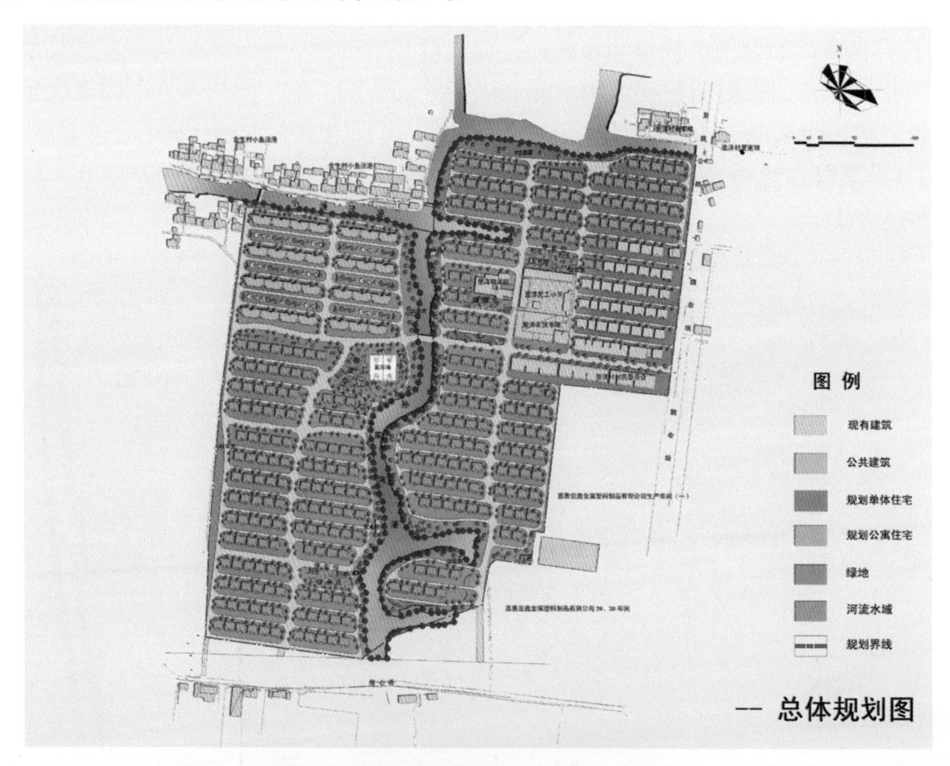

图3-4 村庄居住建筑的行列式布置方式

3.3.2　周边式

居住建筑的周边式分布，通常围绕中心绿地或村庄主要公共建筑设施，形成村庄的构图中心，这是修正行列式布局方式不足之处的常用手段。

图3-5是村庄居住建筑的周边式布置方式，围绕着村庄中心公共建筑设施或者中心绿地，布置居住建筑。

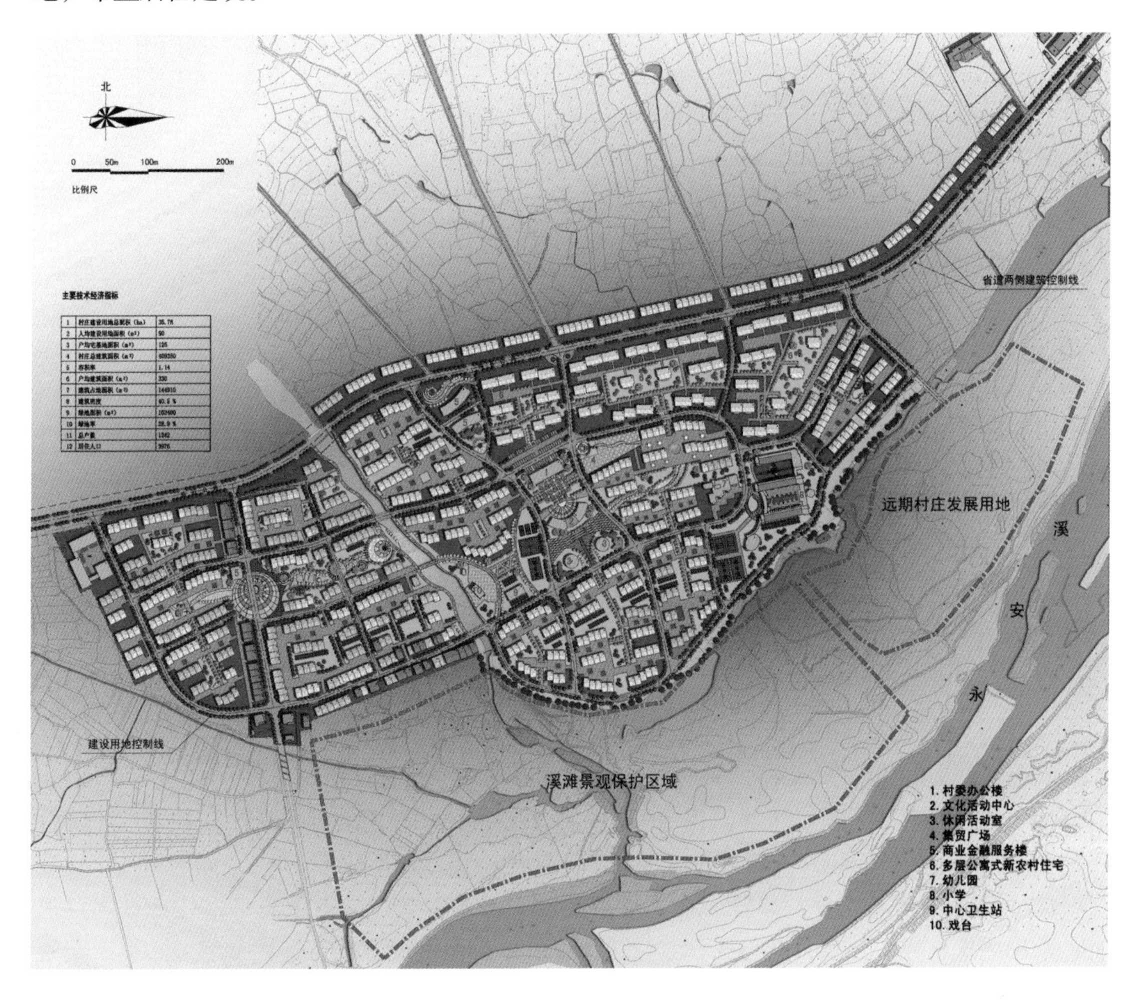

图3-5　村庄居住建筑的周边式布置方式

3.3.3　自由式

自由式布置方式往往出现在山地村庄。由于地形的变化，居住建筑需要与地形相适应，在保证日照、通风要求的基础上，因地制宜、随坡就势处理好建筑与等高线的关系。这样，一方面可以减少土石方量，降低造价；另一方面减少开挖量，较少破坏山体环境，减少了人为造成的地质灾害，也保护了环境。

图3-6即是一种村庄居住建筑的自由式布置方式。

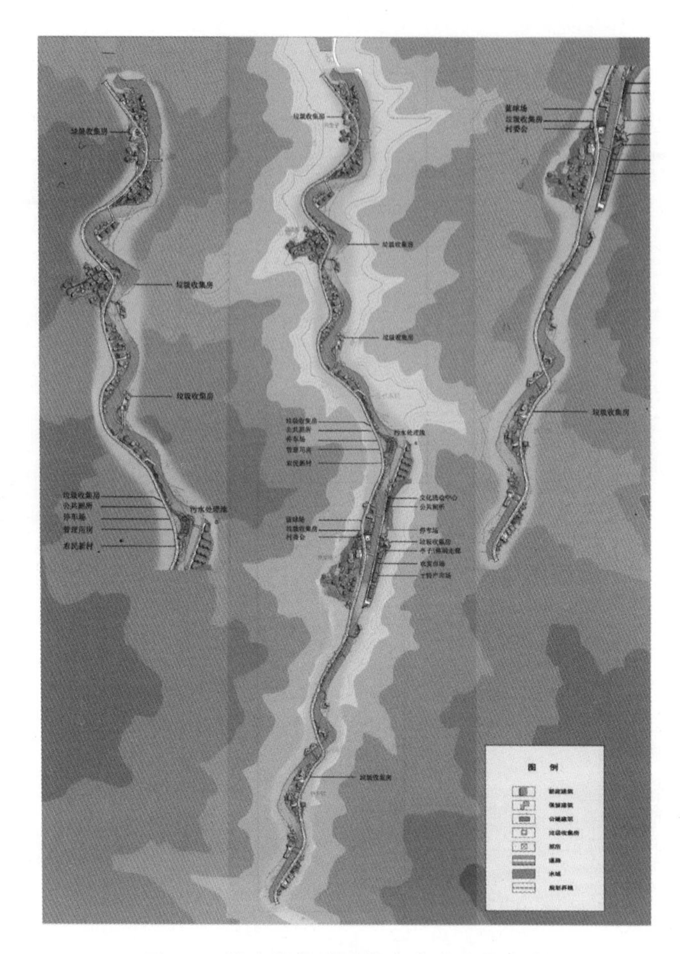

图3-6 村庄居住建筑的自由式布置方式

建筑与等高线的关系通常有三种：

（1）建筑与等高线平行布置。在地形坡度较小或南北向斜坡时，常采用这种方式。其特点是基础开挖量较少，道路和管线工程设施布置简便，实际应用较多。

（2）建筑与等高线垂直布置。在地形坡度较大，或者东西向斜坡需考虑住宅日照要求时，常采用这种方式。其特点是土石方量较小，排水方便，但不利于道路和管线布置，台阶较多。采用这种方式时，建筑通常会错层搭接，单元入口设在不同标高层面上。

（3）建筑与等高线斜交布置。往往是根据具体地形特点，结合朝向、通风等因素综合确定的，它兼有上述两种形式的优缺点，实际应用时可多种因素综合考虑确定。

3.3.4 混合式

在实际的村庄规划中，由于地形地貌、外部交通条件、历史发展沿革等因素的影响，有时候不会采用典型的某种布局形式，而是采用混合模式，虽然自由度较大，但更加符合实际情况，有利于实施。

图3-7即是一种因地形变化而采用的周边式与自由式结合的混合式布置方式。

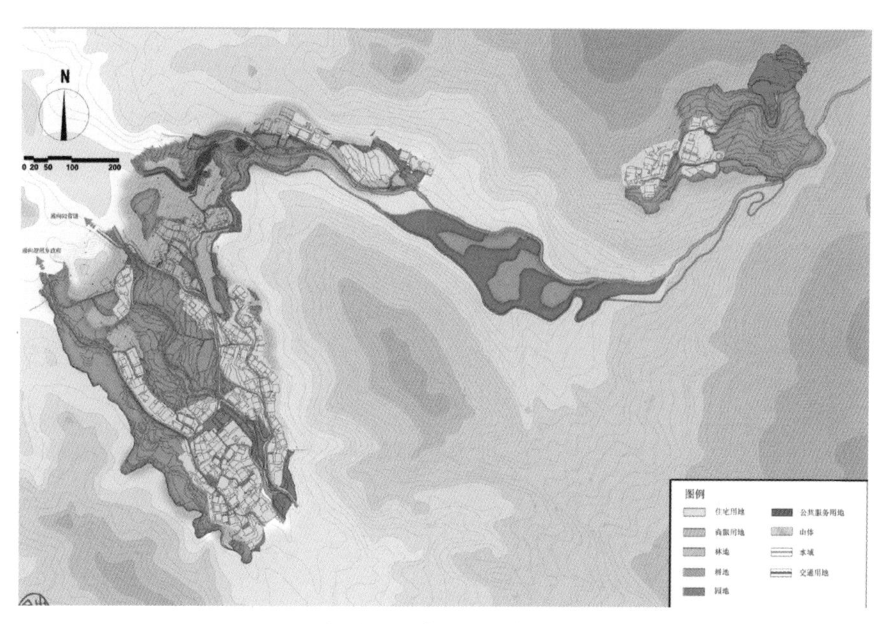

图3-7　村庄居住建筑的混合式布置方式

如图3-8所示是某村庄的用地现状图，村庄西侧是一省道公路，有溪流穿村而过。现在要对村庄原有建设用地进行整治，并在两处E2用地新建村民住宅小区，用于外村村民安置。可以采用哪些布置形式?

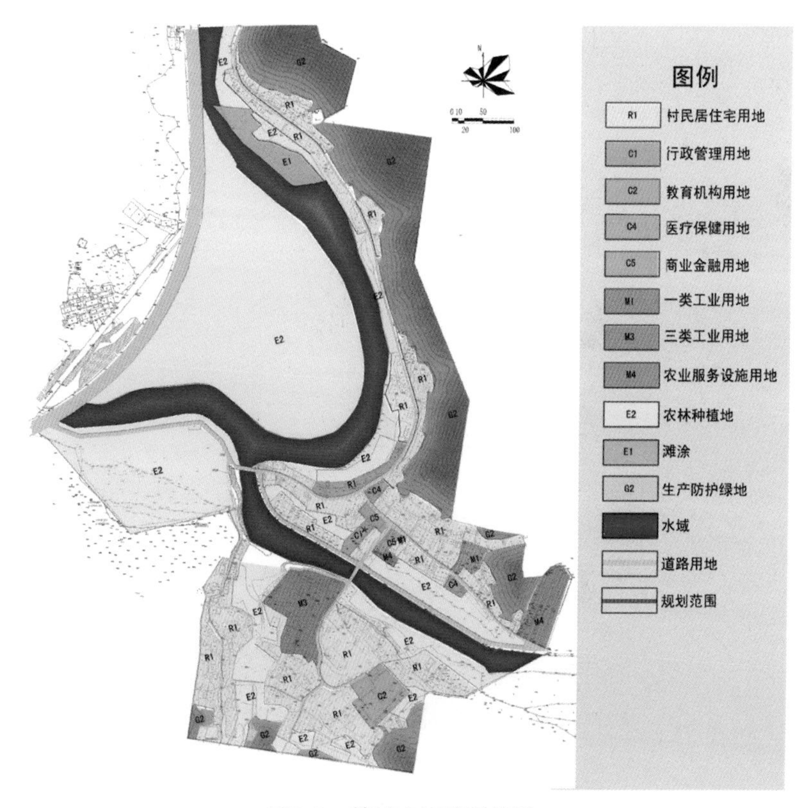

图3-8　某村庄用地现状图

第4章 村庄公用工程设施规划设计

公用工程设施通常包括交通道路、给水、排水、供电、通信、燃气、供热等设施。上述各类设施一般都依附在道路空间上，所以，村庄的公用工程设施规划和设计有时还涉及工程管线综合和用地竖向等内容。

4.1 村庄交通道路的规划与设计

4.1.1 村庄交通道路系统与对外交通设施的衔接

村庄的对外交通是指村庄与外界联系的交通方式。村庄内部的交通道路系统应与公路、铁路、水运等对外交通设施相互协调，并应配置相应的站场、码头、停车场等设施，公路、铁路、水运等用地及防护地段均应符合国家现行的有关标准的规定，满足村庄与外界的车行、人行以及农机通行的需要。

按在国家公路网中的地位，公路分为国道、省道、县乡道。根据《公路工程技术标准》（JTG B01—2003），公路按技术等级分为高速公路、一级公路、二级公路、三级公路和四级公路5个等级。高速公路为专供汽车分向分车道行驶并应全部控制出入的多车道公路；一级公路为供汽车分向分车道行驶并可根据需要控制出入的多车道公路；二级公路为供汽车行驶的双车道公路；三级公路为主要供汽车行驶的双车道公路；四级公路为主要供汽车行驶的双车道或单车道公路。各级公路参数见表4-1～表4-3。

表4-1 各级公路设计速度一览表

公路等级	高速公路			一级公路			二级公路		三级公路		四级公路
设计车速/（km/h）	120	100	80	100	80	60	80	60	40	30	20

表4-2 路面面层类型及适用范围

面层类型	适用范围
沥青混凝土	高速公路、一级公路、二级公路、三级公路、四级公路
水泥混凝土	高速公路、一级公路、二级公路、三级公路、四级公路
沥青贯入、沥青碎石、沥青表面处理	三级公路、四级公路
砂石路面	四级公路

表4-3　各级公路路基宽度

公路等级		高速公路、一级公路								
设计速度/（km/h）		120			100			80		60
车道数		8	6	4	8	6	4	6	4	4
路基宽度/m	一般值	45.00	34.50	28.00	44.00	33.50	26.00	32.00	24.50	23.00
	最小值	42.00	—	26.00	41.00	—	24.50	—	21.50	20.00

公路等级		二级公路、三级公路、四级公路					
设计速度/（km/h）		80	60	40	30	20	
车道数		2	2	2	2	2或1	
路基宽度/m	一般值	12.00	10.00	8.50	7.50	6.50（双车道）	4.50（单车道）
	最小值	10.00	8.50	—	—	—	

注：1.“一般值”为正常情况下的采用值；“最小值”为条件受限制时可采用的值。

2. 八车道高速公路路基宽度“一般值”为设置左侧硬路肩、内侧车道采用3.50m时的宽度。八车道高速公路路基宽度“最小值”为不设置左侧硬路肩、内侧车道采用3.75m时的宽度。

根据《镇规划标准》（GB 50188—2007）的规定：公路穿过镇区、村庄，影响通行能力，易造成安全事故，规划中应对穿过镇区和村庄的不同等级的公路进行调整。高速公路和一级公路的用地范围应与村庄建设用地范围之间预留发展所需的距离。规划中的二、三级公路不应穿过村庄内部，对于现状穿过村庄的二、三级公路应在规划中进行调整。公路规划应符合国家现行的《公路工程技术标准（附条文说明）》（JTG B 01—2003）的有关规定。各类公路的两侧控制区应严格按当地地方政府制定的相关规定执行。

在村庄规划中，需要与铁路设施相协调时，主要依据《高速铁路设计规范（试行）》（TB 10020—2009）、《铁路路基设计规范》（TB10001—2005）等相关规范。《高速铁路设计规范（试行）》适用于旅客列车设计行车速度250～350km/h的高速铁路。《铁路路基设计规范》主要适用于铁路网中客货列车共线运行、旅客列车设计行车速度等于或小于160km/h、货物列车设计行车速度等于或小于120km/h的Ⅰ、Ⅱ级标准轨距铁路路基的设计。根据2005年国务院颁布施行的《铁路运输安全保护条例》第二章第十条的规定，铁路线路两侧应当设立铁路线路安全保护区。铁路线路安全保护区的范围，从铁路线路路堤坡脚、路堑坡顶或者铁路桥梁外侧起向外的距离分别为：（一）城市市区，不少于8m；（二）城市郊区居民居住区，不少于10m；（三）村镇居民居住区，不少于12m；（四）其他地区，不少于15m。铁路线路安全保护区与公路建筑控制区、河道管理范围或者水利工程管理和保护范围重叠的，以铁路管理机构和公路管理机构、水行政主管部门协商后，由县级以上地方人民政府划定的范围为准。

4.1.2 村庄道路规划与设计

村庄道路是村庄中行人和车辆交通来往的通道，也是布置村庄工程管线、街道绿化，安排沿街建筑、消防、卫生设施和划分住宅街坊与组群的基础，并在一定程度上关系到临街建筑的日照、通风和建筑艺术造型的处理。村庄道路作为整个村庄的骨架，是村庄规划和建设的重要内容之一。

许多村庄的现状道路与交通有其以下特点：第一，交通工具类型较多，有小汽车、客车（如城乡公交）、农用机动车、摩托车、电瓶车等机动车辆，还有自行车、三轮车、兽力车等非机动车，但每种车辆的交通流量都不太大；第二，道路狭窄，尤其是宅间小路，不能满足机动车的正常通行要求；第三，道路路面状况不佳，尤其是欠发达地区村庄路面硬化率不高，还有不少泥土路或砂石路面；第四，村庄中比较缺乏停车设施，断头路缺少回车场地。

因此，在不同的村庄规划中，要研究道路交通自身的特点，因地制宜地进行规划与建设。村庄的道路规划和设计主要包括：①确定路网结构；②确定道路断面；③布置停车设施。

1. 村庄道路建设的基本要求

（1）满足村民日常生产生活的出行要求，道路等级合理并适当分工，尽可能保证车行入户。村庄内应避免过境车辆的穿行，道路通畅、避免往返迂回，能满足农用车、消防车、救护车、商店货车和垃圾车等的通行。

（2）结合地形、地质及水文条件，合理规划道路走向，道路网的布置应便于交通。山区和丘陵地区的道路系统规划设计，车行与步行可以分开设置，自成系统；主要道路宜平缓；路面可酌情缩窄，但应安排必要的排水边沟和会车位。

（3）满足村庄环境的要求，有效利用道路网组织有利于村庄的防风、通风和日照采光，有利于村内各类用地的划分和有机联系，以及建筑物布置的多样化。

（4）满足村庄景观的要求，通过道路的线形设计、照明组织、绿化种植、建筑错落等方法和手段，协调街道平面和空间组合关系，有效结合山体高差等地形变化起伏，融合良好的自然环境，突出村庄的朴素、自然、和谐之美，展示有特色的乡土风情。

（5）有利于地面排水，满足各种工程管线布置的要求。村庄道路标高应低于两侧宅基地场院标高，并结合各类工程管线改造要求统一考虑。

（6）道路系统改造时，应充分考虑原有道路特点，保留、改善原有良好的村庄格局，利用有历史文化价值的要素。

（7）考虑交通安全因素，村内道路通过学校、商店等人流密集的路段时，应设置交通限速标志及减速坎（杠），保证行人安全。

（8）村内道路建设力求经济实用，结合现状对主要道路进行硬化改造。首先解决村内土路“晴天一身土，雨天一身泥”的窘境。在道路硬化的基础上，逐步进行道路亮化、美化，改善道路交通设施与标志的建设。道路硬化的形式，主干道宜以水泥、沥青路面为主，次要道路和宅间道路可用水泥、沥青、石板、人行道砖、铺路砖等，鼓励选用有地方乡土特色的材料，既能节省投资，又可展现村庄特有的乡情风貌。

2. 村庄道路的分级及道路系统组成

道路交通规划应根据村庄的对外联系和村庄各项用地的功能、交通流量，结合自然条件与现状特点，确定道路交通系统，并有利于建筑布置和管线敷设。

根据《镇规划标准》（GB 50188—2007），村镇道路分为四级，其中村庄主要涉及三级和四级，其规划技术指标一般应符合表4-4的规定，村庄道路系统的组成一般应符合表4-5、表4-6的规定。

表4-4　村镇道路规划技术指标

规划技术指标	村镇道路级别			
	一	二	三	四
计算行车速度/（km/h）	40	30	20	—
道路红线宽度/m	24～32	16～24	10～14	—
车行道宽度/m	14～20	10～14	6～7	3.5
每侧人行道宽度/m	4～6	3～5	0～2	0
道路间距/m	≥500	250～500	120～300	60～150

注：表中一、二、三级道路用地按红线宽度计算，四级道路按车行道宽度计算。

表4-5　村镇道路系统组成

村镇层次	规划规模分级	道路分级			
		一	二	三	四
中心镇	大型	●	●	●	●
	中型	○	●	●	●
	小型	—	●	●	●
一般镇	大型	—	●	●	●
	中型	—	●	●	●
	小型	—	○	●	●
中心村	大型	—	○	●	●
	中型	—	—	●	●
	小型	—	—	●	●
基层村	大型	—	—	●	●
	中型	—	—	○	●
	小型	—	—	—	●

注：表中●为应设的级别；○为可设的级别。

表4-6 村镇规划规模分级

村镇层次 / 常住人口数量/人 / 规模分级	村庄		集镇	
	基层村	中心村	一般镇	中心镇
大型	> 300	> 1000	> 3000	> 10000
中型	100 ~ 300	300 ~ 1000	1000 ~ 3000	3000 ~ 10000
小型	< 100	< 300	< 1000	< 3000

村庄道路网规划中，在基本满足上述标准的基础上，可将道路分为主要道路、次要道路、宅间道路三个等级，形成网络。村庄主要道路的间距宜在120 ~ 300m，村庄次要道路的间距宜在60 ~ 150m。根据村庄规模及用地条件等的不同，选择相应的道路等级系统。

用地较充足的平原村庄，村庄道路的宽度可确定为：主要道路的红线宽度为10 ~ 14m，建筑控制线为14 ~ 18m；次要道路的路面宽度为6 ~ 8m，建筑控制线不小于10m；宅间道路的路面宽度不小于2.5m。

用地紧张的山地、丘陵地区村庄，村庄道路的宽度则可适当降低，可确定为：主要道路的路面宽度6 ~ 8m，建筑控制线不小于10m；次要道路的路面宽度4 ~ 6m，建筑控制线不小于8m；宅间道路的路面宽度不小于2.5m。

3. 村庄道路的断面

（1）村庄道路断面的组成 村庄主要道路横断面的规划宽度也称为道路红线宽度，它通常包括车行道、人行道、绿化带以及安排各种地上、地下管线（沟）所需宽度的总和（图4-1）。基地与道路邻近一侧，一般以道路红线为建筑控制线，为确保沿街景观效果、建筑出入方便等需要，规划方案中可在道路线以外另订建筑控制线，即建筑物基底位置的控制线，一般应后退道路红线建造，任何建筑都不得超越给定的建筑红线。村民住宅面向道路的一般后退红线不小于3m，山墙面向道路的一般后退红线不小于2m。

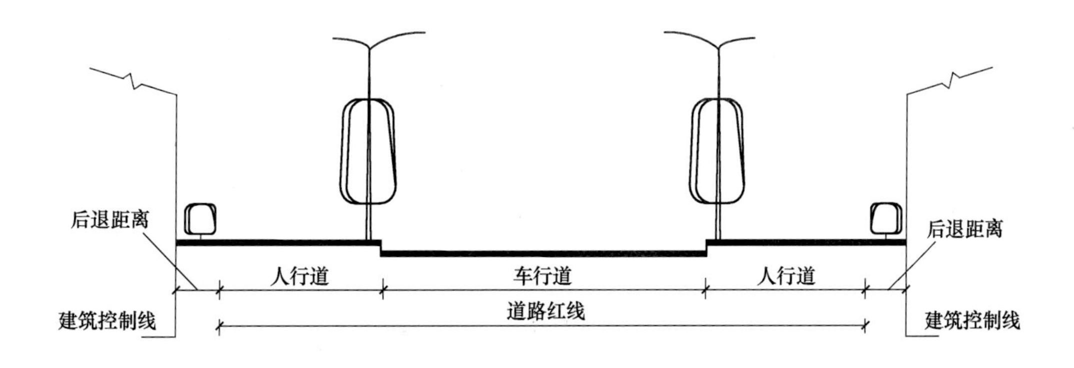

图4-1 道路红线与建筑控制线示意图

《民用建筑设计通则》（GB 50352—2005）规定建筑物的台阶、平台、窗井、地下建筑及建筑基础，除基地内连通市政主管线以外的其他地下管线不允许突出道路红线。允许突出道路红线的建筑突出物：1. 在人行道地面上空：（1）2m以上允许突出窗扇、窗罩，突出宽度不大于0.4m；（2）2.50m以上允许突出活动遮阳，突出宽度不应大于人行道宽度减1m，并不应大于3m；（3）3.50m以上允许突出阳台，凸形封窗、雨篷、挑檐，突出宽度不应大于1m；（4）5m以上允许突出雨篷、挑檐，突出宽度不应大于人行道宽减1m，并不大于3m。2. 在无人行道的道路上空：（1）2.50m以上允许突出窗扇、窗罩，突出宽度不应大于0.4m；（2）5m以上允许突出雨篷、挑檐，突出宽度不应大于1m。

人行道是道路断面的重要组成部分，步行空间也是村民户外活动的主要场所。村庄的主要道路宜设置人行道，步行道应有良好的铺装，道面平整，排水流畅，并且要保证步行交通安全和连续不断，不被其他活动任意占用。

（2）村庄道路横断面的选择　道路的横断面一般有一块板式、二块板式、三块板式、四块板式等，因村庄道路路幅（红线宽度）较小，故一般以选用一块板式为主（图4-2），有条件的也可选用二、三块板式等。

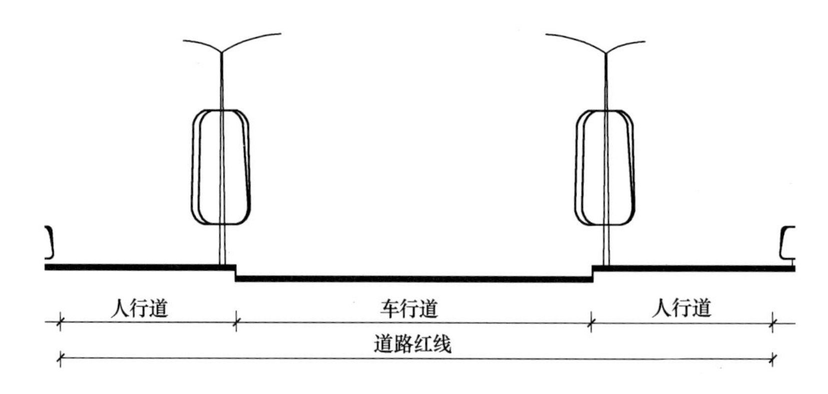

图4-2　一块板式道路横断面图

4. 村庄停车设施

随着村民收入水平与生产效率的提高，村庄内的机动车数量逐步增加，因此，村庄内需要布置一定的停车场（库），并且必须留出必要的发展余地。

（1）停车方式　车辆停车方式可以分为室外停车和室内停车，也可以按照与道路的相对关系分为路面停车和路外停车。依据车辆停放的时间段、停放的时间长度、停放的车辆种类可以选择不同的停放方式。通常来说，白天、短时间或非机动车停放，一般采用室外停车和路上停放的方式；夜间、长时间或机动车停放，一般为室内停车和路外停放。

（2）停车场、回车场设计　车辆停放方式有三个基本类型，即平行式、垂直式和斜列式（图4-3），车辆停放方式关系到车位组织、停车面积以及停车设施的规划设计。详细尺寸按《城市道路工程设计规范》（CJJ 37—2012）相关规定。村庄中，尽端式道路的长度不宜大于120m，并应在尽端设不小于12m×12m的回车场地，回车场详细尺寸与布局如图4-4所示。

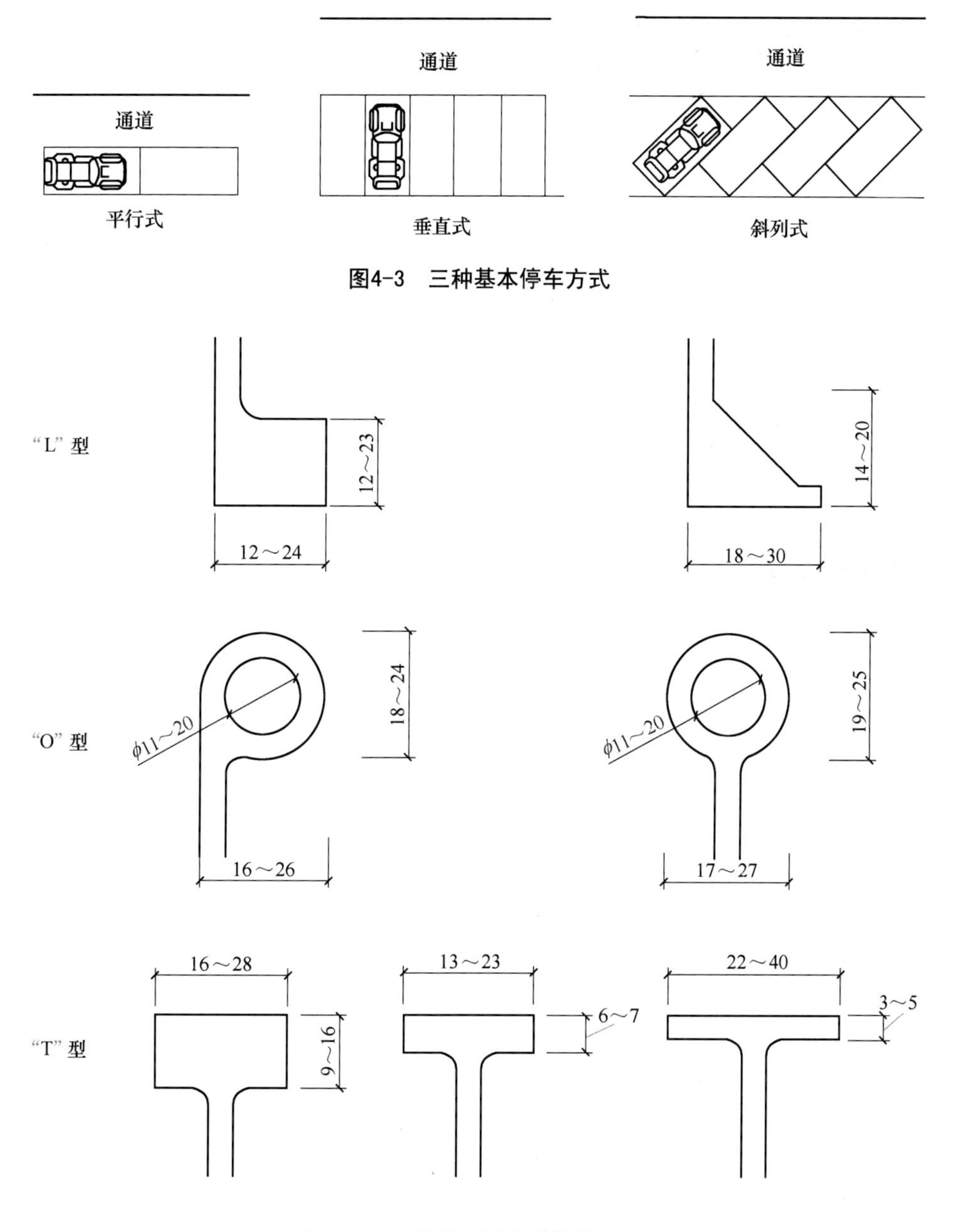

图4-3　三种基本停车方式

图4-4　回车场基本形式（单位：m）

（3）停车设施布局　村庄中停车场（库）的布置应方便村民的使用，一般采用集中与分散相结合的布局方式。

集中停车场可以布置在村庄中心或边缘地段，也可结合村庄主要出入口、道路组织、公共绿地或者公共服务设施如集贸市场等布置，这种方式比较适合外来大量车辆的临时停放。

分散布置的停车场（库），通常以户为单位设置，布置在住宅院落内部或住宅底层；在一排或者多排住宅院落的端头设置服务于多户村民的停车空间也是可行的布置方式。农机具和家庭车辆的存放需要尽量靠近住户，一般可在住宅院落内部或住宅底层停放。

4.2 村庄给水工程规划

村庄给水形式一般分为集中式给水和分散式给水。给水工程规划中的集中式给水主要应包括确定用水量、水质标准、水源及卫生防护、水质净化、给水设施、管网布置；分散式给水主要应包括确定用水量、水质标准、水源及卫生防护、取水设施。以下主要对集中式给水工程规划进行阐述。

4.2.1 用水量预测

集中式给水的用水量应包括生活、生产、消防、浇洒道路和绿化用水量，管网漏水量和未预见水量，并应符合相关规定。用水量预测的方法一般有分项用水量测算法和综合用水量测算法两种。

1　分项用水量测算法

此方法为分项测算村庄用水量，累加后作为估算总用水量，较适合于较大的村庄或功能较为齐全的村庄。

（1）生活用水量的计算

①居住建筑的生活用水量可根据现行国家标准《建筑气候区划标准》（GB 50178—1993）划分的区域按表4-7进行预测。

表4-7　居住建筑的生活用水量指标　　（单位：L／人·d）

建筑气候区划	镇区	镇区外
Ⅲ、Ⅳ、Ⅴ区	100～200	80～160
Ⅰ、Ⅱ区	80～160	60～120
Ⅵ、Ⅶ区	70～140	50～100

在选取指标时，可以根据村庄历年用水量统计，结合村庄发展的实际情况，在上限值和下限值之间进行合理选择。

②公共建筑的生活用水量应符合现行国家标准《建筑给水排水设计规范》（GB 50015—2010）的有关规定，也可按居住建筑生活用水量的8%～25%进行估算。

（2）生产用水量应包括工业用水量、农业服务设施用水量，可结合实际情况并按所在省、自治区、直辖市人民政府的有关规定进行计算。

（3）消防用水量应符合现行国家标准《建筑设计防火规范》（GB 50016—2006）的有关规定，可按15L/s计算。

（4）浇洒道路和绿地的用水量可根据当地条件确定。

（5）管网漏失水量及未预见水量可按最高日用水量的15%～25%计算。

以上分项计算后，累加作为估算总用水量。

2. 综合用水量测算法

村庄给水工程规划的用水量也可按表4-8中人均综合用水量指标预测。该方法较为简便，适合于功能较为单一、以居住为主的农居点。

表4-8　人均综合用水量指标　（单位：L/人·d）

建筑气候区划	镇　区	镇区外
Ⅲ、Ⅳ、Ⅴ区	150～350	120～260
Ⅰ、Ⅱ区	120～250	100～200
Ⅵ、Ⅶ区	100～200	70～160

注：1. 表中为规划期最高日用水量指标，已包括管网漏失及未预见水量。

2. 有特殊情况的镇区，应根据用水实际情况，酌情增减用水量指标。

在选取指标时，可以根据村庄历年用水量统计，结合村庄发展的实际情况，在上限值和下限值之间进行合理选择。

4.2.2　水源选择与保护

1. 给水水源选择

给水水源分为地下水和地表水两大类。山区、丘陵地区村庄生活饮用水源一般选用水质达标的山泉水，平原村庄可考虑采用地下水或地表水。水源的选择应符合下列要求：

1）水量充足可靠，水源水质符合使用要求。

2）水源卫生条件好，便于卫生防护。水源的卫生防护按现行的《生活饮用水卫生标准》（GB 5749—2006）的规定执行。

3）取水、净水、输配水设施安全、经济，具备施工条件。

4）选择地下水作为给水水源时，应有确切可靠的水文地质资料，且不得超量开采；选择地表水作为给水水源时，其枯水期的保证率不得低于90%。

5）当村庄之间使用同一水源或水源在规划区以外时，应进行区域或流域范围内的水资源供需平衡分析，并根据水资源平衡分析，提出保持平衡的对策。

6）水资源匮乏的村庄应设置天然降水的收集贮存设施。宜将雨、污水处理后用作工业用水、生活杂用水及河湖环境用水、农业灌溉用水等，其水质应符合相应标准的规定。靠近城镇的村庄，应考虑以城镇水厂作为给水水源。

7）选择湖泊或水库作为水源时，应选在藻类含量较低、水较深和水域较开阔的位置，并符合现行的《含藻水给水处理设计规范》（CJJ 32—2011）的规定。

2. 给水水源保护

1）地面水取水点周围半径100m的水域内严禁捕捞、停靠船只、游泳和从事有可能污染水源的任何活动。

2）取水点上游1000m、下游100m范围内的水域不得排入工业废水和生活污水；其沿岸防护范围内不得堆放废渣，不得设置有害化学物品仓库或设装卸垃圾、粪便、有毒物品的码头。

3）供生活饮用的水库和湖泊，应将其取水点周围部分水域或整个水域及其沿岸划为卫生防护地带。

4）以河流为给水水源的集中式给水，必须把其取水点1000m以外一定范围的河段划为水源保护区，严格控上游制污染物排放量。

5）以地下水为水源时，水井周围30m范围内不得设渗水厕所、渗水坑、粪坑、垃圾堆、渣堆等污染源；在井群影响半径范围内，不得使用工业废水和生活污水进行农业灌溉和施用剧毒农药。

6）水厂应不占或少占良田好地。

3. 水质要求

生活饮用水的水质应符合现行国家标准《生活饮用水卫生标准》（GB 5749 —2006）的有关规定。

4.2.3 给水管网布置

给水管网系统应根据现状条件，相应选择树枝状、环状或混合式的布置形式。

1）给水干管布置的方向应与供水的主要流向一致，并应以最短距离向用水大户供水。

2）给水干管最不利点的最小服务水头，单层建筑物可按10 ~ 15m计算，建筑物每增加一层应增压3m。

3）管网应分布在整个给水区内，且能在水量和水压方面满足用户要求。近期宜布置成树枝状，远期应留有连接成环状管网的可能性。

4）管线应尽量少穿越铁路、公路；无法避免时，应选择经济合理的线路。宜沿现有或规划道路铺设，但应避开交通主干道。管线在道路中的埋设位置应符合现行的《城市工程管线综合规划规范》（GB 50289—1998）的规定。

5）选择适当的水管材料。管道材料的选择应根据水压、外部荷载、土的性质、施工维护和材料供应等条件确定。村庄给水管网宜选择易弯曲、易施工、耐用的柔性管材，如钢塑复合管、PE管等。

6）给水管的管径宜根据流量进行确定。负有消防给水任务管道的最小直径不应小于100mm；室外消火栓的间距不应大于120m。

7）应结合村庄建设的长远需要，为给水管网的分期发展留有余地。

4.3 村庄排水工程规划

村庄排水工程规划应包括确定排水量、排水体制、排放标准、排水系统布置、污水处理设施等。

4.3.1　排水量计算

排水量应包括污水量和雨水量，污水量应包括生活污水量和生产污水量。排水量可按下列规定计算：

1）生活污水量可按生活用水量的75%～85%进行计算。

2）生产污水量及变化系数可按产品种类、生产工艺特点和用水量确定，也可按生产用水量的75%～90%进行计算。

3）雨水量可按邻近城市的标准计算。

4.3.2　排水体制

排水体制宜选择分流制；条件不具备的可选择合流制，但在污水排入管网系统前应采用化粪池、生活污水净化沼气池等方法进行预处理。

4.3.3　排水管渠布置

布置排水管渠时，雨水应充分利用地面径流和沟渠排除；污水应通过管道或暗渠排放，雨、污水的管渠均应按重力流设计，排水沟渠的纵坡应不小于0.3%。

排水管渠的布置：

1）应布置在排水区域内地势较低，便于雨、污水汇集的地带。

2）宜沿规划道路敷设，并与道路中心线平行，排水管渠的布置要顺直，水流不要绕弯。

3）穿越河流、铁路、高速公路、地下建（构）筑物或其他障碍物时，应选择经济合理的路线。

4）雨水排放应充分利用地形，按就近排放和减少管道埋深的原则，做到自流排放，灵活布置管道，尽可能减少管道投资，使雨水及时就近排入池塘、河流或湖泊等水体。

5）在道路下的埋设位置应符合《城市工程管线综合规划规范》（GB 50289—1998）的规定，车行道下管材宜采用钢筋混凝土管，管顶覆土厚度不小于0.7m，其他场所不小于0.6m。

6）排水管管径根据流量确定，最小管径一般不小于300mm，特殊情况下也不小于200mm。

7）村庄排水管道检查井间距一般宜采用20～30m。

4.3.4　污水处理

村庄的污水处理设施包括集中式和分散式两种。

污水采用集中处理时，有条件的地方可采用如氧化沟、生物塘（稳定塘）、人工湿地、生物滤池等设施。污水处理设施的位置应选在村庄的下游，靠近受纳水体或农田灌溉区。

利用中水应符合现行国家标准《建筑中水设计规范》（GB 50336—2002）和《污水再利用工程设计规范》（GB 50335—2002）的有关规定。

污水排放应符合现行国家标准的有关规定；污水用于农田灌溉应符合现行国家标准《农田灌溉水质标准》（GB 5084—2005）的有关规定。

分散式污水处理可采用如沼气池、三格式化粪池、双层沉淀池等简易设施。

4.4 村庄供电工程规划

供电工程规划主要应包括预测用电负荷，确定供电电源、电压等级、供电线路、供电设施等。

4.4.1 供电变压器容量选择

供电变压器容量选择应根据用电负荷确定。用电负荷一般可按分项估算法或综合估算法估算。

1. 用电负荷分项估算

村庄用电负荷包括居民生活用电、公共设施用电和生产用电。

1）生活用电负荷的估算标准：无家用电器户为每户100～200W；少量家用电器户为每户400～1000W；较多家用电器户为每户1000～1600W；随着农村生活水平的提高，家电逐渐普及，一般宜按较多家用电器户考虑。

2）企业用电负荷应根据工业性质及规模进行估算。可按照重工业每万元产值用电量为3000～4000kW·h；轻工业每万元产值用电量为1200～1600kW·h进行预测。

3）农业用电负荷估算标准为每亩10～15W进行预测。

4）重要公用设施、医疗单位或用电大户应单独设置变压设备或供电电源。

2. 综合用电指标估算

用电负荷可采用现状年人均综合用电指标乘以增长率进行预测。

规划期末年人均综合用电量可按下式计算：$Q=Q_1(1+K)^n$

式中 Q——规划期末年人均综合用电量（kW·h／人·a）；

Q_1——现状年人均综合用电量（kW·h／人·a）；

K——年人均综合用电量增长率（%）；

n——规划期限（年）。

K值可依据人口增长和各产业发展速度分阶段进行预测。

供电变压器容量选择应根据用电负荷估算值确定，负荷率可取60%。

4.4.2　变电所（变压器）规划

供电电源和变电所所址的选择应以县（乡镇）域供电规划为依据，并符合建站的建设条件，线路进出方便和接近负荷中心。变电所出线电压等级应按所在地区规定的电压标准确定，电网电压等级宜定为110kV、66kV、35kV、10kV和380／220V，采用其中2～3级和两个变压层次。变电所规划用地面积控制指标可根据表4-9选定。也可采用箱式变电站（变压器），既可节约投资和占地，也可缩短工期、减少维护量。箱式变电站是一种高压开关设备、配电变压器和低压配电装置，按一定接线方案排成一体的工厂预制户内、户外紧凑式配电设备，即将高压受电、变压器降压、低压配电等功能有机地组合在一起，安装在一个防潮、防锈、防尘、防鼠、防火、防盗、隔热、全封闭、可移动的钢结构箱体内，机电一体化，全封闭运行，特别适用于城网建设与改造，是继土建变电站之后崛起的一种崭新的变电站。箱式变电站适用于各类村镇居民点、工厂企业，可用于替代原有的土建配电房、配电站，是一种新型的成套变配电装置。

表4-9　变电所规划用地面积指标

变压等级（kV） 一次电压/二次电压	主变压器容量MVA/台（组）	变电所结构形式及用地面积/m^2	
		户外式用地面积	半户外式用地面积
110（66）/10	20～63/2～3	3500～5500	1500～3000
35/10	5.6～31.5/2～3	2000～3500	1000～2000

4.4.3　供电线路规划

1）电网规划应明确分层分区的供电范围，各级电压、供电线路输送功率和输送距离应符合表4-10的规定。

表4-10　电力线路的输送功率、输送距离及线路走廊宽度

线路电压/kV	线路结构	输送功率/kW	输送距离/km	线路走廊宽度/m
0.22	架空线	50以下	0.15以下	—
	电缆线	100以下	0.20以下	—
0.38	架空线	100以下	0.50以下	—
	电缆线	175以下	0.60以下	—
10	架空线	3000以下	8～15	—
	电缆线	5000以下	10以下	—
35	架空线	2000～10000	20～40	12～20
66、110	架空线	10000～50000	50～150	15～25

2）供电线路的设置应符合下列规定：

① 架空电力线路应根据地形、地貌特点和网络规划，沿道路、河渠和绿化带架设；路径宜短捷、顺直，并应减少同道路、河流、铁路的交叉。

② 设置35kV及以上高压架空电力线路应规划专用线路走廊（表4-10），并且不得穿越村镇中心、文物保护区、风景名胜区和危险品仓库等地段。

③ 村庄的中、低压架空电力线路应同杆架设，繁华地段和旅游景区宜采用埋地敷设电缆。

④ 电力线路之间应减少交叉、跨越，并不得对弱电线路产生干扰。

⑤ 变电站出线宜将工业线路和农业线路分开设置。

3）重要工程设施、医疗单位、用电大户和救灾中心应设专用线路供电，并应设置备用电源。

4）结合地区特点，应充分利用小型水力、风力和太阳能等能源。

5）村庄架空线路或架空电缆混合线路可采用单电源辐射网或“手拉手”环网；电缆线路可采用电缆单环网。

4.5 村庄通信工程规划

（1）通信工程规划主要应包括电信、邮政、广播、电视的规划。

（2）电信工程规划应包括确定用户数量、局（所）位置、发展规模和管线布置。

1）电话用户预测应在现状基础上，结合当地的经济社会发展需求，确定电话用户普及率（部／百人）。

2）电信局（所）的选址宜设在环境安全和交通方便的地段。

3）通信线路规划应依据发展状况确定，宜采用埋地管道敷设，电信线路布置应符合下列规定：

①应避开易受洪水淹没、河岸塌陷、土坡塌方以及有严重污染的地区。

②应便于架设、巡察和检修。

③宜设在电力线走向的道路另一侧。

（3）邮政局（所）址的选择应利于邮件运输、方便用户使用。

（4）广播、电视线路应与电信线路统筹规划。

4.6 工程管线综合规划

4.6.1 工程管线综合规划

工程管线综合规划的主要内容包括：确定工程管线在地下敷设时的排列顺序和工程管

线间的最小水平净距、最小垂直净距；确定工程管线在地下敷设时的最小覆土深度；确定工程管线在架空敷设时管线及杆线的平面位置及周围建（构）筑物、道路、相邻工程管线间的最小水平净距和最小垂直净距。各项指标可按现行国家标准《城市工程管线综合规划规范》（GB 50289—1998）的有关规定执行。

村庄工程管线在条件允许时宜采用地下敷设。工程管线综合规划要符合下列规定：

1）应结合道路网规划，在不妨碍工程管线正常运行、检修和合理占用土地的情况下，使线路短捷。

2）应充分利用现状工程管线。当现状工程管线不能满足需要时，经综合技术、经济比较后，可予以废弃或抽换。

3）平原地区宜避开土质松软地区、地震断裂带、沉陷区以及地下水位较高的不利地带；起伏较大的山区，应结合城市地形的特点合理布置工程管线位置，并应避开滑坡危险地带和洪峰口。

编制工程管线综合规划设计时，应减少管线在道路交叉口处交叉。当工程管线竖向位置发生矛盾时，宜按下列规定处理：

1）压力管线让重力自流管线。

2）可弯曲管线让不易弯曲管线。

3）分支管线让主干管线。

4）小管径管线让大管径管线。

4.6.2 地下敷设

村庄的工程管线一般采用直埋敷设。

严寒或寒冷地区给水、排水、燃气等工程管线应根据土壤冰冻深度确定管线覆土深度；热力、电信、电力电缆等工程管线以及严寒或寒冷地区以外的地区的工程管线应根据土壤性质和地面承受荷载的大小确定管线的覆土深度。

工程管线的最小覆土深度应符合表4-11的规定。

表4-11 工程管线的最小覆土深度 （单位：m）

序号		1		2		3		4	5	6	7
管线名称		电力管线		电信管线		热力管线		燃气管线	给水管线	雨水排水管线	污水排水管线
		直埋	管沟	直埋	管沟	直埋	管沟				
最小覆土深度	人行道下	0.50	0.40	0.70	0.40	0.50	0.20	0.60	0.60	0.60	0.60
	车行道下	0.70	0.50	0.80	0.70	0.70	0.20	0.80	0.70	0.70	0.70

注：10kV以上直埋电力电缆管线的覆土深度不应小于1.0m。

工程管线在道路下面的规划位置，应布置在人行道或非机动车道下面。电信电缆、给水输水、燃气输气、雨污水排水等工程管线可布置在非机动车道或机动车道下面。

工程管线在道路下面的规划位置宜相对固定。从道路红线向道路中心线方向平行布置的次序，应根据工程管线的性质、埋设深度等确定。分支线少、埋设深、检修周期短的管线和可燃、易燃和损坏时对建筑物基础安全有影响的工程管线应远离建筑物。布置次序宜为：电力电缆、电信电缆、燃气配气、给水配水、热力干线、燃气输气、给水输水、雨水排水、污水排水。

工程管线在庭院内建筑线向外方向平行布置的次序，应根据工程管线的性质和埋设深度确定，其布置次序宜为：电力、电信、污水排水、燃气、给水、热力。

当燃气管线可在建筑物两侧中任一侧引入均满足要求时，燃气管线应布置在管线较少的一侧。沿村镇道路规划的工程管线应与道路中心线平行，其主干线应靠近分支管线多的一侧，工程管线不宜从道路一侧转到另一侧。各种工程管线不应在垂直方向上重叠直埋敷设。

沿铁路、公路敷设的工程管线应与铁路、公路线路平行。当工程管线与铁路、公路交叉时宜采用垂直交叉方式布置；受条件限制时可倾斜交叉布置，其最小交叉角宜大于30° 。

河底敷设的工程管线应选择在稳定河段，埋设深度应按不妨碍河道的整治和管线安全的原则确定。当在河道下面敷设工程管线时应符合下列规定：在一至五级航道下面敷设，应在航道底设计高程2m以下；在其他河道下面敷设，应在河底设计高程1m以下；当在灌溉渠道下面敷设，应在渠底设计高程0. 5m以下。

工程管线之间及其与建（构）筑物之间的最小水平净距应符合表4-12的规定。当受道路宽度、断面以及现状工程管线位置等因素限制难以满足要求时，可根据实际情况采取安全措施后减少其最小水平净距。

对于埋深大于建（构）筑物基础的工程管线，其与建（构）筑物之间的最小水平距离应按下式计算，并折算成水平净距后与表4-12的数值比较，采用其较大值。

$$L=\frac{(H-h)}{\mathrm{tg}\alpha}+\frac{b}{2}$$

式中 L——管线中心至建（构）筑物基础边水平距离（m）；

H——管线敷设深度（m）；

h——建（构）筑物基础底砌置深度（m）；

b——开挖管沟宽度（m）；

α——土壤内摩擦角（° ）。

当工程管线交叉敷设时，自地表面向下的排列顺序宜为：电力管线、热力管线、燃气管线、给水管线、雨水排水管线、污水排水管线。

表 4-12　工程管线之间及其与建（构）筑物之间的最小水平净距　　（单位：m）

<table>
<tr><td rowspan="4">序号</td><td rowspan="4" colspan="4">管线名称</td><td>1</td><td colspan="2">2</td><td>3</td><td colspan="5">4</td><td colspan="2">5</td><td colspan="2">6</td><td colspan="2">7</td><td>8</td><td>9</td><td colspan="3">10</td><td>11</td><td>12</td></tr>
<tr><td rowspan="3">建筑物</td><td colspan="2">给水管</td><td rowspan="3">污水雨水排水管</td><td colspan="5">燃气管</td><td colspan="2">热力管</td><td colspan="2">电力电缆</td><td colspan="2">电信电缆</td><td rowspan="3">乔木</td><td rowspan="3">灌木</td><td colspan="3">地上杆柱</td><td rowspan="3">道路侧石边缘</td><td rowspan="3">铁路钢轨（或坡脚）</td></tr>
<tr><td rowspan="2">d≤200mm</td><td rowspan="2">d＞200mm</td><td rowspan="2">低压</td><td colspan="2">中压</td><td colspan="2">高压</td><td rowspan="2">直埋</td><td rowspan="2">地沟</td><td rowspan="2">直埋</td><td rowspan="2">缆沟</td><td rowspan="2">直埋</td><td rowspan="2">管道</td><td rowspan="2">通信照明及＜10kV</td><td colspan="2">高压铁塔基础边</td></tr>
<tr><td>B</td><td>A</td><td>B</td><td>A</td><td>≤35kV</td><td>＞35kV</td></tr>
<tr><td>1</td><td colspan="4">建筑物</td><td></td><td>1.0</td><td>3.0</td><td>2.5</td><td>0.7</td><td>1.5</td><td>2.0</td><td>4.0</td><td>6.0</td><td>2.5</td><td>0.5</td><td colspan="2">0.5</td><td>1.0</td><td>1.5</td><td>3.0</td><td>1.5</td><td colspan="3">*</td><td></td><td>0.6</td></tr>
<tr><td rowspan="2">2</td><td rowspan="2" colspan="2">给水管</td><td colspan="2">d≤200mm</td><td>1.0</td><td rowspan="2" colspan="2"></td><td>1.0</td><td rowspan="2" colspan="3">0.5</td><td rowspan="2">1.0</td><td rowspan="2">1.5</td><td rowspan="2" colspan="2">1.5</td><td rowspan="2" colspan="2">0.5</td><td rowspan="2" colspan="2">1.0</td><td rowspan="2" colspan="2">1.5</td><td rowspan="2">0.5</td><td rowspan="2" colspan="2">3.0</td><td rowspan="2">1.5</td><td rowspan="8">5.0</td></tr>
<tr><td colspan="2">d＞200mm</td><td>3.0</td><td>1.5</td></tr>
<tr><td>3</td><td colspan="4">污水、雨水排水管</td><td>2.5</td><td>1.0</td><td>1.5</td><td></td><td>1.0</td><td colspan="2">1.2</td><td>1.5</td><td>2.0</td><td colspan="2">1.5</td><td colspan="2">0.5</td><td colspan="2">1.0</td><td colspan="2">1.5</td><td>0.5</td><td colspan="2">1.5</td><td>1.5</td></tr>
<tr><td rowspan="5">4</td><td rowspan="5">燃气管</td><td colspan="2">低压</td><td>P≤0.05MPa</td><td>0.7</td><td rowspan="3" colspan="2">0.5</td><td>1.0</td><td rowspan="5" colspan="5">（DN≤300mm）0.4
（DN＞300mm）0.5</td><td colspan="2">1.0</td><td rowspan="3" colspan="2">0.5</td><td rowspan="3">0.5</td><td rowspan="3">1.0</td><td rowspan="5" colspan="2">1.2</td><td rowspan="5">1.0</td><td rowspan="5">1.0</td><td rowspan="5">5.0</td><td rowspan="3">1.5</td></tr>
<tr><td rowspan="2">中压</td><td rowspan="2"></td><td>0.005MPa＜P≤0.2MPa</td><td>1.5</td><td rowspan="2">1.2</td><td rowspan="2">1.0</td><td rowspan="2">1.5</td></tr>
<tr><td>0.2MPa＜P≤0.4MPa</td><td>2.0</td></tr>
<tr><td rowspan="2">高压</td><td rowspan="2"></td><td>0.4MPa＜P≤0.8MPa</td><td>4.0</td><td colspan="2">1.0</td><td>1.5</td><td>1.5</td><td>2.0</td><td colspan="2">1.0</td><td colspan="2">1.0</td><td rowspan="2">2.5</td></tr>
<tr><td>0.8MPa＜P≤1.6MPa</td><td>6.0</td><td colspan="2">1.5</td><td>2.0</td><td>2.0</td><td>4.0</td><td colspan="2">1.5</td><td colspan="2">1.5</td></tr>
<tr><td rowspan="2">5</td><td rowspan="2" colspan="3">热力管</td><td>直埋</td><td>2.5</td><td rowspan="2" colspan="2">1.5</td><td rowspan="2">1.5</td><td rowspan="2">1.0</td><td colspan="2">1.0</td><td>1.5</td><td>2.0</td><td rowspan="2" colspan="2"></td><td rowspan="2" colspan="2">2.0</td><td rowspan="2" colspan="2">1.0</td><td rowspan="2" colspan="2">1.5</td><td rowspan="2">1.0</td><td rowspan="2">2.0</td><td rowspan="2">3.0</td><td rowspan="2">1.5</td><td rowspan="2">1.0</td></tr>
<tr><td>地沟</td><td>0.5</td><td colspan="2">1.5</td><td>2.0</td><td>4.0</td></tr>
<tr><td rowspan="2">6</td><td rowspan="2" colspan="3">电力电缆</td><td>直埋</td><td rowspan="2">0.5</td><td rowspan="2" colspan="2">0.5</td><td rowspan="2">0.5</td><td rowspan="2">0.5</td><td rowspan="2" colspan="2">0.5</td><td rowspan="2">1.0</td><td rowspan="2">1.5</td><td rowspan="2" colspan="2">2.0</td><td rowspan="2" colspan="2"></td><td rowspan="2" colspan="2">0.5</td><td rowspan="2" colspan="2">1.0</td><td rowspan="2" colspan="3">0.6</td><td rowspan="2">1.5</td><td rowspan="2">3.0</td></tr>
<tr><td>缆沟</td></tr>
<tr><td rowspan="2">7</td><td rowspan="2" colspan="3">电信电缆</td><td>直埋</td><td>1.0</td><td rowspan="2" colspan="2">1.0</td><td rowspan="2">1.0</td><td colspan="3">0.5</td><td rowspan="2">1.0</td><td rowspan="2">1.5</td><td rowspan="2" colspan="2">1.0</td><td rowspan="2" colspan="2">0.5</td><td rowspan="2" colspan="2">1.0</td><td>1.0</td><td rowspan="2">1.0</td><td rowspan="2">0.5</td><td rowspan="2" colspan="2">0.6</td><td rowspan="2">1.5</td><td rowspan="2">2.0</td></tr>
<tr><td>管道</td><td>1.5</td><td colspan="3">1.0</td><td>1.5</td></tr>
<tr><td>8</td><td colspan="4">乔木（中心）</td><td>3.0</td><td rowspan="2" colspan="2">1.5</td><td rowspan="2">1.5</td><td rowspan="2" colspan="5">1.2</td><td rowspan="2" colspan="2">1.5</td><td rowspan="2" colspan="2">1.0</td><td>1.0</td><td>1.5</td><td rowspan="2" colspan="2"></td><td rowspan="2">1.5</td><td rowspan="2" colspan="2"></td><td rowspan="2">0.5</td><td rowspan="2"></td></tr>
<tr><td>9</td><td colspan="4">灌木</td><td>1.5</td><td colspan="2">1.0</td></tr>
<tr><td rowspan="3">10</td><td rowspan="3" colspan="2">地上杆柱</td><td colspan="2">通信照明及＜10kV</td><td rowspan="2">*</td><td colspan="2">0.5</td><td>0.5</td><td colspan="5">1.0</td><td colspan="2">1.0</td><td rowspan="3" colspan="2">0.6</td><td colspan="2">0.5</td><td colspan="2">1.5</td><td rowspan="3" colspan="3"></td><td rowspan="3">0.5</td><td rowspan="3"></td></tr>
<tr><td rowspan="2">高压铁塔基础边</td><td>≤35kV</td><td rowspan="2" colspan="2">3.0</td><td rowspan="2">1.5</td><td colspan="5">1.0</td><td colspan="2">2.0</td><td rowspan="2" colspan="2">0.6</td><td rowspan="2" colspan="2"></td></tr>
<tr><td>＞35kV</td><td></td><td colspan="5">0.5</td><td colspan="2">3.0</td></tr>
<tr><td>11</td><td colspan="4">道路侧石边缘</td><td></td><td colspan="2">1.5</td><td>1.5</td><td colspan="3">1.5</td><td colspan="2">2.5</td><td colspan="2">1.5</td><td colspan="2">1.5</td><td colspan="2">1.5</td><td colspan="2">0.5</td><td colspan="3">0.5</td><td></td><td></td></tr>
<tr><td>12</td><td colspan="4">铁路钢轨（或坡脚）</td><td>6.0</td><td colspan="8">5.0</td><td colspan="2">1.0</td><td colspan="2">3.0</td><td colspan="2">2.0</td><td colspan="2"></td><td colspan="3"></td><td></td><td></td></tr>
</table>

注：*见表4-15。

工程管线在交叉点的高程应根据排水管线的高程确定。工程管线交叉时的最小垂直净距应符合表4-13的规定。

表4-13　工程管线交叉时的最小垂直净距　　（单位：m）

序号	净距 下面的管线名称 / 上面的管线名称		1 给水管线	2 污、雨水排水管线	3 热力管线	4 燃气管线	5 电信管线		6 电力管线	
							直埋	管道	直埋	管沟
1	给水管线		0.15							
2	污、雨水排水管线		0.40	0.15						
3	热力管线		0.15	0.15	0.15					
4	燃气管线		0.15	0.15	0.15	0.15				
5	电信管线	直埋	0.50	0.50	0.15	0.50	0.25	0.25		
		管道	0.15	0.15	0.15	0.15	0.25	0.25		
6	电力管线	直埋	0.15	0.50	0.50	0.50	0.50	0.50	0.50	0.50
		管沟	0.15	0.50	0.50	0.15	0.50	0.50	0.50	0.50
7	沟渠（基础底）		0.50	0.50	0.50	0.50	0.50	0.50	0.50	0.50
8	涵洞（基础底）		0.15	0.15	0.15	0.15	0.20	0.25	0.50	0.50
9	电车（轨道）		1.00	1.00	1.00	1.00	1.00	1.00	1.00	1.00
10	铁路（轨道）		1.00	1.20	1.20	1.20	1.00	1.00	1.00	1.00

注：大于35kV直埋电力电缆与热力管线最小垂直净距应为1.00m。

4.6.3　架空敷设

沿道路架空敷设的工程管线，其位置应根据规划道路的横断面确定，并应保障交通畅通、居民的安全以及工程管线的正常运行。

架空线线杆宜设置在人行道上距路缘石不大于1m的位置；有分车带的道路，架空线线杆宜布置在分车带内。电力架空杆线与电信架空杆线宜分别架设在道路两侧，且与同类地下电缆位于同侧。同一性质的工程管线宜合杆架设。架空热力管线不应与架空输电线、电气化铁路的馈电线交叉敷设。当必须交叉时，应采取保护措施。

工程管线跨越河流时，宜采用管道桥或利用交通桥梁进行架设，并应符合下列规定：①可燃、易燃工程管线不宜利用交通桥梁跨越河流。②工程管线利用桥梁跨越河流时，其规划设计应与桥梁设计相结合。③架空管线与建（构）筑物等的最小水平净距应符合表4-14的规定。④架空管线交叉时的最小垂直净距应符合表4-15的规定。

表4-14　架空管线交叉时的最小水平净距　　（单位：m）

名称		建筑物（凸出部分）	道路（边缘石）	铁路（轨道中心）	热力管线
电力	10kV边导线	2.0	0.5	杆高加3.0	2.0
	35kV边导线	3.0	0.5	杆高加3.0	4.0
	110kV边导线	4.0	0.5	杆高加3.0	4.0
电信杆线		2.0	0.5	4/3杆高	1.5
热力管线		1.0	1.5	3.0	——

表4-15　架空管线交叉时的最小垂直净距　（单位：m）

名称		建筑物（顶端）	道路（地面）	铁路（轨顶）	电力线		热力管线
					电力线有防雷装置	电力线无防雷装置	
电力管线	10kV及以下	3.0	7.0	7.5	2.0	4.0	2.0
	35～110kV	4.0	7.0	7.5	3.0	5.0	3.0
电信杆线		1.5	4.5	7.0	0.6	0.6	1.0
热力管线		0.6	4.5	6.0	1.0	1.0	0.25

注：横跨道路或与无轨电车馈电线平行的架空电力线距地面应大于9m。

4.7　村庄用地竖向规划

村庄用地竖向规划应包括下列内容：

1）应确定建筑物、构筑物、场地、道路、排水沟等的规划控制标高。

2）应确定地面排水方式及排水构筑物。

3）应估算土石方挖填工程量，进行土方初平衡，合理确定取土和弃土的地点。

建设用地的竖向规划应符合下列规定：

1）应充分利用自然地形地貌，减少土石方工程量，宜保留原有绿地和水面，尽量做到不填塘、不挖山。

2）应有利于地面排水及防洪、排涝，避免土壤受冲刷。

3）应有利于建筑布置、工程管线敷设及景观环境设计。

4）应符合道路、广场的设计坡度要求。

建设用地的地面排水应根据地形特点、降水量和汇水面积等因素，划分排水区域，确定坡向和坡度及管沟系统。

4.8　村庄防灾减灾规划

村庄的防灾减灾规划应依据县域或地区防灾减灾规划的统一部署进行规划。防灾减灾规划主要应包括消防、防洪、抗震防灾和防风减灾的规划。

4.8.1　村庄消防规划

村庄应严格消防管理，加强消防监督、消防教育和消防宣传，增强村民的消防意识。消防规划主要应包括消防安全布局和确定消防站、消防给水、消防通信、消防车通道、消防装备等。

（1）消防安全布局应符合下列规定：

1）生产和储存易燃、易爆物品的工厂、仓库、堆场和储罐等应设置在村庄外围相对独立的安全地带。

2）生产和储存易燃、易爆物品的工厂、仓库、堆场、储罐以及燃油、燃气供应站等与居住、医疗、教育、集会、娱乐、市场等建筑之间的防火间距不应小于50m。

3）现状中影响消防安全的工厂、仓库、堆场和储罐等应进行迁移或改造，耐火等级低的建筑密集区应开辟防火隔离带和消防车通道，增设消防水源。

（2）消防给水应符合下列规定：

1）具备给水管网条件时，其管网及消火栓的布置、水量、水压应符合现行国家标准《建筑设计防火规范》（GB 50016—2006）的有关规定，消防用水量按15L/s计算；室外消火栓沿道路设置，宜靠近十字路口，消火栓间距不应超过120m设置，室外地上消火栓应有一个直径150mm或100mm和两个直径为65mm的栓口。

2）不具备给水管网条件时，应利用河湖、池塘、水渠等水源规划建设消防给水设施。

3）给水管网或天然水源不能满足消防用水需求时，宜设置消防水池，寒冷地区的消防水池应采取防冻措施。

（3）消防值班室（或义务消防队）：村庄一般不具备建设消防站的条件，可设置消防值班室（或义务消防队），配备消防通信设备和灭火设施。按有关规定设置火灾报警和消防通信指挥系统。

（4）消防车通道：消防车通道之间的距离不宜超过160m，路面宽度不得小于4m，当消防车通道上空有障碍物跨越道路时，路面与障碍物之间的净高不得小于4m。

4.8.2 村庄防洪规划

村庄防洪规划应与当地江河流域、农田水利、水土保持、绿化造林等的规划相结合，统一整治河道、修建堤坝、圩垸和蓄、滞洪区等工程防洪措施。

村庄防洪规划应根据洪灾类型（河洪、海潮、山洪和泥石流）选用相应的防洪标准及防洪措施，实行工程防洪措施与非工程防洪措施相结合，组成完整的防洪体系。

村庄防洪规划应按现行国家标准《防洪标准》（GB 50201—1994）的有关规定执行。人口密集、乡镇企业较发达或农作物高产的乡村防护区，其防洪标准可适当提高。地广人稀或淹没损失较小的乡村防护区，其防洪标准可适当降低。

以乡村为主的防护区（简称乡村防护区），应根据其人口或耕地面积分为四个等级，各等级的防洪标准按表4-16的规定确定。蓄、滞洪区的防洪标准应根据批准的江河流域规划的要求分析确定。

表4-16　乡村防护区的等级和防洪标准

等级	防护区人口/万人	防护区耕地面积/万亩	防洪标准/[重现期（年）]
Ⅰ	≥150	≥300	100～50
Ⅱ	150～50	300～100	50～30
Ⅲ	50～20	100～30	30～20
Ⅳ	≤20	≤30	20～10

邻近大型或重要工矿企业、交通运输设施、动力设施、通信设施、文物古迹和旅游设施等防护对象的村镇，当不能分别进行设防时，应按就高不就低的原则确定设防标准及设置防洪设施。

修建围埝、安全台、避水台等就地避洪安全设施时，其位置应避开分洪口、主流顶冲点和深水区，其安全超高值应符合表4-17的规定。

表4-17　就地避洪安全设施的安全超高

安全设施	安置人口/人	安全超高/m
围埝	地位重要、防护面大、人口≥10000的密集区	>2.0
	≥10000	2.0～1.5
	1000～10000	1.5～1.0
	<1000	1.0
安全台、避水台	≥1000	1.5～1.0
	<1000	1.0～0.5

注：安全超高是指在蓄、滞洪时的最高洪水位以上，考虑水面浪高等因素，避洪安全设施需要增加的富余高度。

各类建筑和工程设施内设置安全层或建造其他避洪设施时，应根据避洪人员数量统一进行规划，并应符合现行国家标准《蓄、滞洪区建筑工程技术规范》（GB 50181—1993）的有关规定。

易受内涝灾害的村庄，其排涝工程应与排水工程统一规划。

防洪规划应设置救援系统，包括应急疏散点、医疗救护、物资储备和报警装置等。

4.8.3　村庄抗震防灾规划

村庄抗震防灾规划主要应包括建设用地评估和工程抗震、生命线工程和重要设施、防止地震次生灾害以及避震疏散的措施。

在抗震设防区进行规划时，应符合现行国家标准《中国地震动参数区划图》（GB 18306—2001）和《建筑抗震设计规范》（GB 50011—2010）等的有关规定，选择对抗震有利的地段，避开不利地段，严禁在危险地段规划居住建筑和人员密集的建设项目。

工程抗震应符合下列规定：

1）新建建筑物、构筑物和工程设施应按国家和地方现行有关标准进行设防；

2）现有建筑物、构筑物和工程设施应按国家和地方现行有关标准进行鉴定，提出抗震加固、改建和拆迁的意见。

生命线工程和重要设施，包括交通、通信、供水、供电、能源、消防、医疗和食品供应等应进行统筹规划，并应符合下列规定：①道路、供水、供电等工程应采取环网布置方式。②人员密集的地段应设置不同方向的四个出入口。③抗震防灾指挥机构应设置备用电源。

生产和贮存具有发生地震的次生灾害源，包括产生火灾、爆炸和溢出剧毒、细菌、放射物等单位，应采取以下措施：①次生灾害严重的，应迁出村庄。②次生灾害不严重的，应采取防止灾害蔓延的措施。③人员密集活动区不得建有次生灾害源的工程。

避震疏散场地应根据疏散人口的数量规划。疏散场地应与广场、绿地等综合考虑，并应符合下列规定：①应避开次生灾害严重的地段，并应具备明显的标志和良好的交通条件。②镇区每一疏散场地的面积不宜小于4000m²。③人均疏散场地面积不宜小于3m²。④疏散人群至疏散场地的距离不宜大于500m。⑤主要疏散场地应具备临时供电、供水能力并符合卫生要求。

4.8.4 村庄防风减灾规划

易形成风灾地区的镇区（村庄）选址应避开与风向一致的谷口、山口等易形成风灾的地段。

1）易形成风灾地区的村庄规划，其建筑物的规划设计除应符合现行国家标准《建筑结构荷载规范》（GB 50009—2001）的有关规定外，尚应符合下列规定：①建筑物宜成组成片布置。②迎风地段宜布置刚度大的建筑物，体型力求简洁规整，建筑物的长边应同风向平行布置。③不宜孤立布置高耸建筑物。

2）易形成风灾地区的村庄应在迎风方向的边缘选种密集型的防护林带。

3）易形成台风灾害地区的村庄规划应符合下列规定：①滨海地区、岛屿应修建抵御风暴潮冲击的堤坝。②确保台风后暴雨及时排除，应按国家和省、自治区、直辖市气象部门提供的年登陆台风最大降水量和日最大降水量，统一规划建设排水体系。③应建立台风预报信息网，配备医疗和救援设施。

4）宜充分利用风力资源，因地制宜地利用风能建设能源转换和能源储存设施。

4.9 村庄公用工程规划设计实例

4.9.1 村庄概况

蒲潭村坐落位于庆元县淤上乡南部，是淤上乡最大的行政村之一，是本乡长垄、塘根、吾田头、山岗、高山湾、坑口、樟坑、金坑等村庄的服务中心和下山安置受纳地。2008年户籍人口为1065人，总户数为325户，常年居住人口约为990人。耕地面积为794亩，山林面积为9156亩。2008年农民人均纯收入4919元。主要经济来源为竹木加工、香菇栽培以及种植水稻。

村庄西侧为山体，东侧为安溪溪，地势相对较缓，海拔高度在355～380m之间。村庄距乡政府所在地约3km，至庆元县城约24km，是本乡建设条件最为优越的村庄之一，因考虑下山安置人口迁入，采用综合平衡法估算，规划期末人口规模为2000人。

村庄规划定位为：庆元县西部农村农贸集散地和配送中心。

4.9.2 村庄道路交通规划

蒲潭村的对外交通主要依靠安溪溪西岸规划新建的54省道，根据《丽水市公路两侧控制区管理办法》，省道两侧15m内禁止修建建筑物和地面构筑物。建筑控制区内的违章建筑，由公路管理机构依照有关法律、法规规定拆除，不予补偿。建筑控制区内原有合法的建筑物和构筑物，因公路建设或者交通安全等原因需要拆除的，应当在依法补偿后予以拆除；对公路建设及交通安全无影响的，可以保留；保留的住宅经鉴定机构鉴定确属危房，又不影响交通安全的，经公路管理机构同意，报国土、建设等相关部门批准，可以进行修缮加固或修复，但不得扩大占地面积和建筑面积。需要在公路建筑控制区内埋设管线、电缆等设施的，应事先经公路管理机构批准。在公路建筑控制区范围内实施基本建设项目工程的，应事先征求公路管理部门意见。

将现状的54省道改为村庄老区主要道路，新区规划形成4～10m宽不等的车行道路网，采用了自然流畅的曲线与直线结合的道路交通设计方案，顺而不穿，既能起到限速作用，也能达到移步换景的空间景观效果。主要道路面宽6m和10m，次要道路路面宽为4m，各地块内设置宽不小于2.5m的宅间小路，形成完善的道路网。

建筑山墙面向道路的后退道路不小于2m，主要立面方向或建筑长度方向面向道路的后退不小于3m，有管线铺设要求的还要留足线路走廊。为满足停车需求，在香菇交易集市附近新建小型停车场，占地面积为250m^2。

本案的道路交通规划图如图4-5所示。

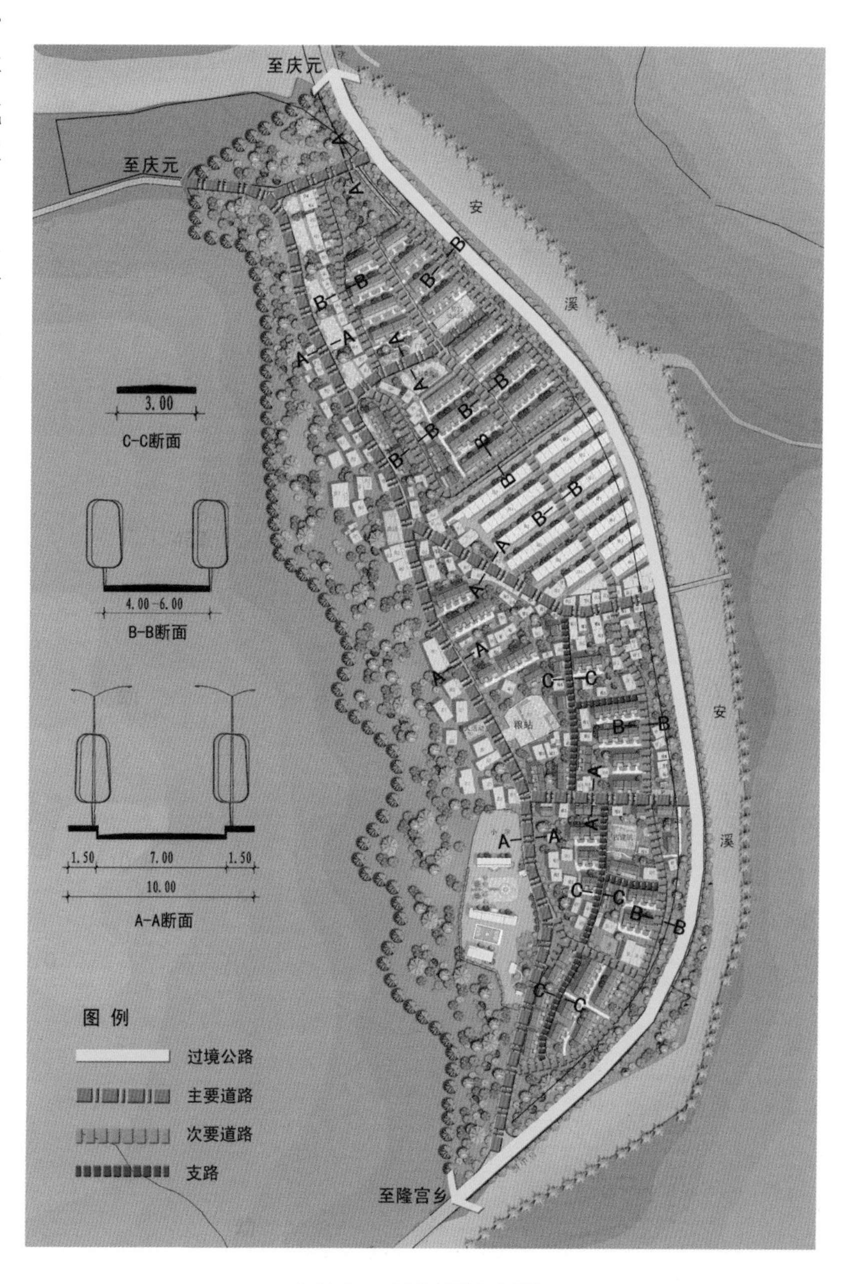

图4-5　道路交通规划图

4.9.3 村庄给水工程规划

根据现状用水量，结合经济发展水平，规划采用综合用水量法估算，根据表4-8确定人均综合用水量标准为120L/人·d（最高日用水量），设计人口 2000人。

日供水规模：Q=2000 × 120L/人·d =24m³/d。

规划以村庄西部的樟坑溪作为水源，水源地应按相关规定进行保护。

给水管网采用环状与树枝状相结合的形式，主管形成环网，村内支管可采用树枝状（图4-6）。根据生活生产用水，考虑消防用水流量，主管管径采用100～150mm。主路上*DN*100mm以上给水管采用球墨铸铁管，村内其他给水管道采用钢塑复合管。

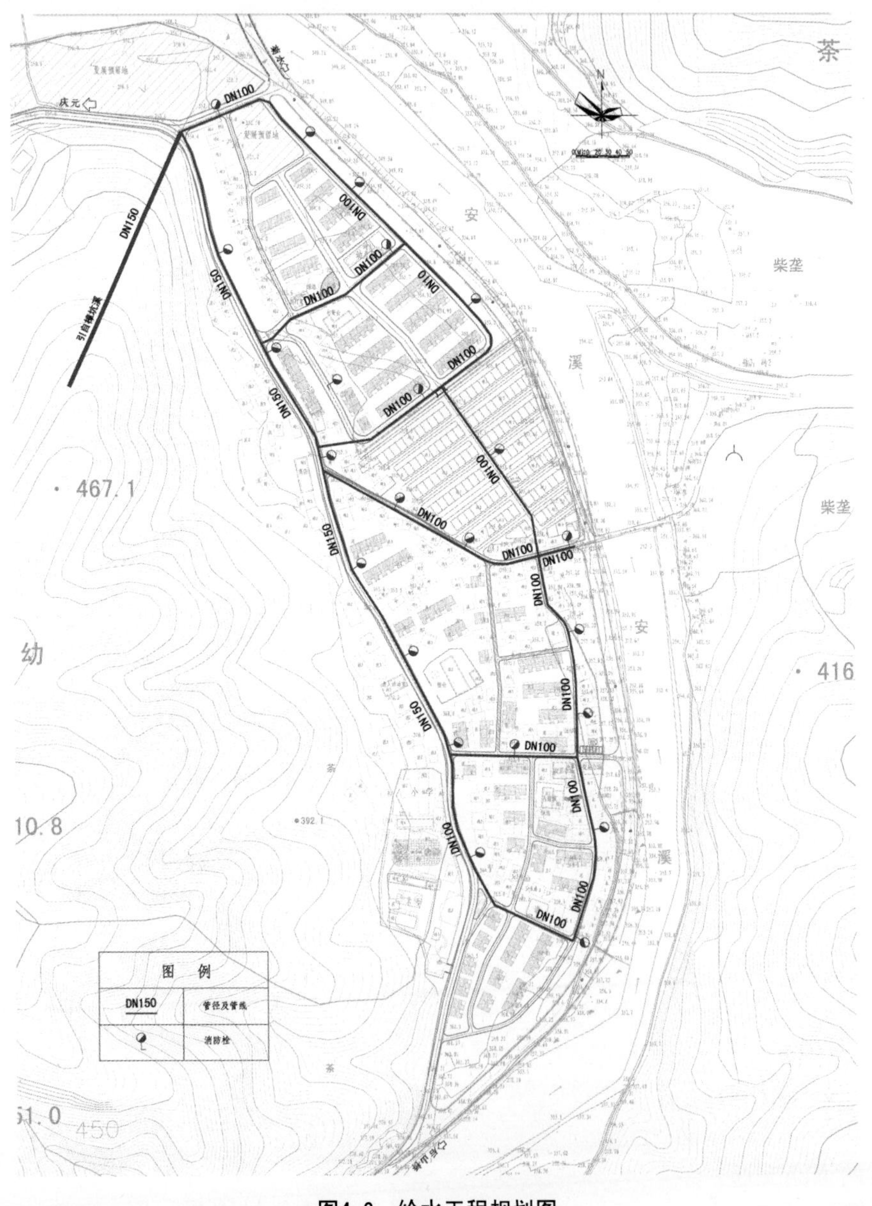

图4-6　给水工程规划图

4.9.4　村庄雨水工程规划

1. 雨水量预测

$$Q=i\times\psi\times F$$

式中　Q——管渠设计流量（L/s）；

F——汇水面积（ha）；

ψ——径流系数，取0.7；

i——暴雨强度（L/s.ha），采用当地最新暴雨强度公式计算：

$$i=\frac{7.59+4.459\lg P}{(t+5.919)^{0.611}}$$

P——设计重现期（年），取1；

t——降雨历时（min），取10min。

2. 排水组织

雨水排放应充分利用地形，按就近排放和减少管道埋深的原则，做到自流排放，灵活布置管道，尽可能减少管道投资。充分利用原有的明沟排水，主要道路下采取管道收集为主。车行道下管材采用钢筋混凝土管，其他地段采用HDPE双壁波纹管，最小管径采用300mm。排水管道、沟渠的纵坡应不小于0.3%，检查井最大设置间距20～30m。

4.9.5　村庄污水工程规划

为保护村庄生态环境，改善村庄环境质量，该村排水系统采用雨、污分流制（雨水就近排入水体，污水收集并加以处理）。污水设计流量取生活用水量的80%。

污水经化粪池简易处理后排入污水管网，在村庄安溪溪河段下游设置污水处理设施（钢筋混凝土厌氧池+人工湿地系统），污水经处理达标后就近排放到安溪溪下游或附近农田灌溉。鼓励农户自建沼气池，减少污水排量。

管径及流向见排水工程规划图（图4-7），最小管径采用300mm。车行道下管顶覆土厚度不小于0.7m，其他场所不小于0.6m。水力坡度不小于0.3%，检查井最大设置间距20～30m。

4.9.6　村庄电力工程规划

1. 电力负荷估算

根据当地社会经济发展水平，以及家电下乡政策的引导，规划期内户均用电负荷以1kw/户计，公共服务设施用电以生活用电的15%估算。平均日用电以6h计，用电同时率、箱变负荷率均按60%估算。（用电同时率是指电力系统综合最高负荷与电力系统各组成单位的绝对最高负荷之和的比率；箱变负荷率是一定时间内的平均有功负荷与最高有功负荷之比的百分数，用以衡量平均负荷与最高负荷之间的差异程度。）重要公用设施、医疗单位或用电大户应单独设置变压设备或供电电源。规划期电力需求量计算见表4-18。

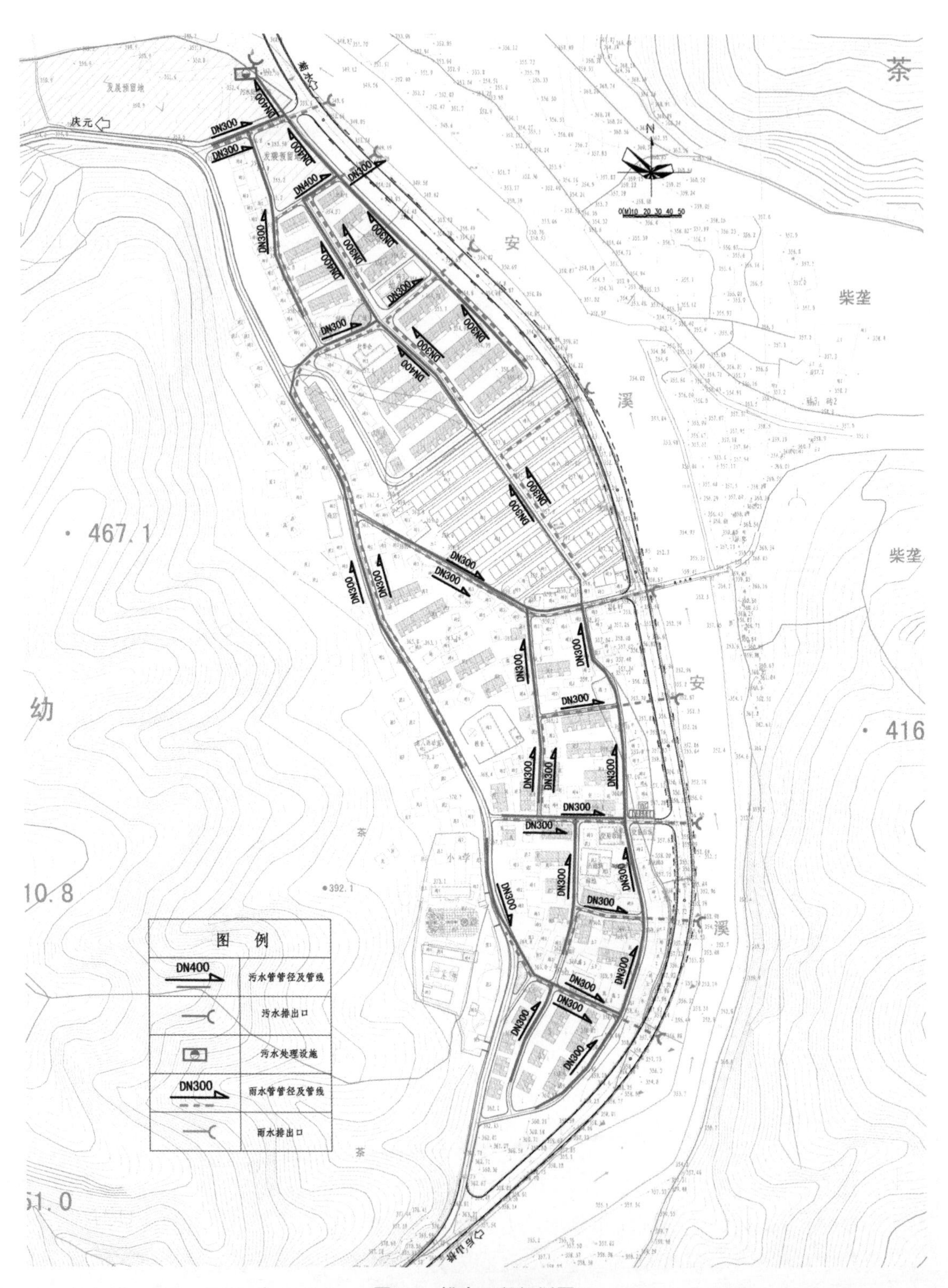
茶
柴垄
安
溪
467.1
柴垄
幼
416
10.8
392.1
小学
茶
51.0
庆元
发展预留地
DN300
DN400
图 例
DN400
污水管管径及管线
污水排出口
污水处理设施
DN300
雨水管管径及管线
雨水排出口

图4-7　排水工程规划图

表4-18　规划期电力需求量计算表

项　目		2020年	备 注
（1）	户数（户）	667	3人/户
（2）	户均用电负荷（kW/户）	1.0	
（3）	生活用电负荷（kW）	667	（1）×（2）
（4）	总用电负荷（kW）	767	（3）×（1+15%）
（5）	年用电量（kW·h）	1，427，770	（4）×年用电时数×同时率
（6）	人均用电量（kW·h/人·年）	714	（5）规划人口

2. 电网规划

规划期内充分利用前期电网改造成果，结合用电需求增长，规划期末将村庄北部和南部变压器分别增容至315kVA。变压器可选用柱上变压器或箱式变压器。

10kV中压配电线路可采用架空绝缘线进村，网络形式采用单电源辐射网。有条件则采用电缆埋地方式敷设，覆土厚度不小于1.0m。0.38kV低压配电线路采用树干式或放射式布线。有条件的鼓励采用电缆敷设，覆土厚度不小于0.7m。

3. 道路及广场照明

在道路的两侧绿化带或人行道上设路灯，主干道路灯间距为40m，次干道为50m。在广场、绿地及水域处可结合街景、水景设置庭园灯、造型灯。路灯控制为手动、联动及时控、光控的减半控制，以利于节电。

4.9.7　村庄通信工程规划

村庄通信工程发展目标为：规划有线电视发展目标为有线电视入户率100%，实现有线电视网上数据高速传输，为用户提供各种电视网络信息业务。

规划措施：

1）规划电信网线路采用树干式布线，线路可采用架空敷线，有条件的情况下则采用地埋。对村内电话电缆、有线电视电缆与道路同步敷设，主干管与配线管道相结合，各用地内管线与各用地建设相结合。规划弱电管道建设中应预留一定余量，以备今后发展，规划区内弱电管道孔数在2～9孔，其最小埋设深度不小于0.7m。

2）村内综合性建筑、居住区块，可分块建落地式电话交接箱，为村内住宅电话交接配线。

3）村内有线电视干线采用SYWV75-9型同轴电缆。

本例的电力电信工程规划图如图4-8所示。

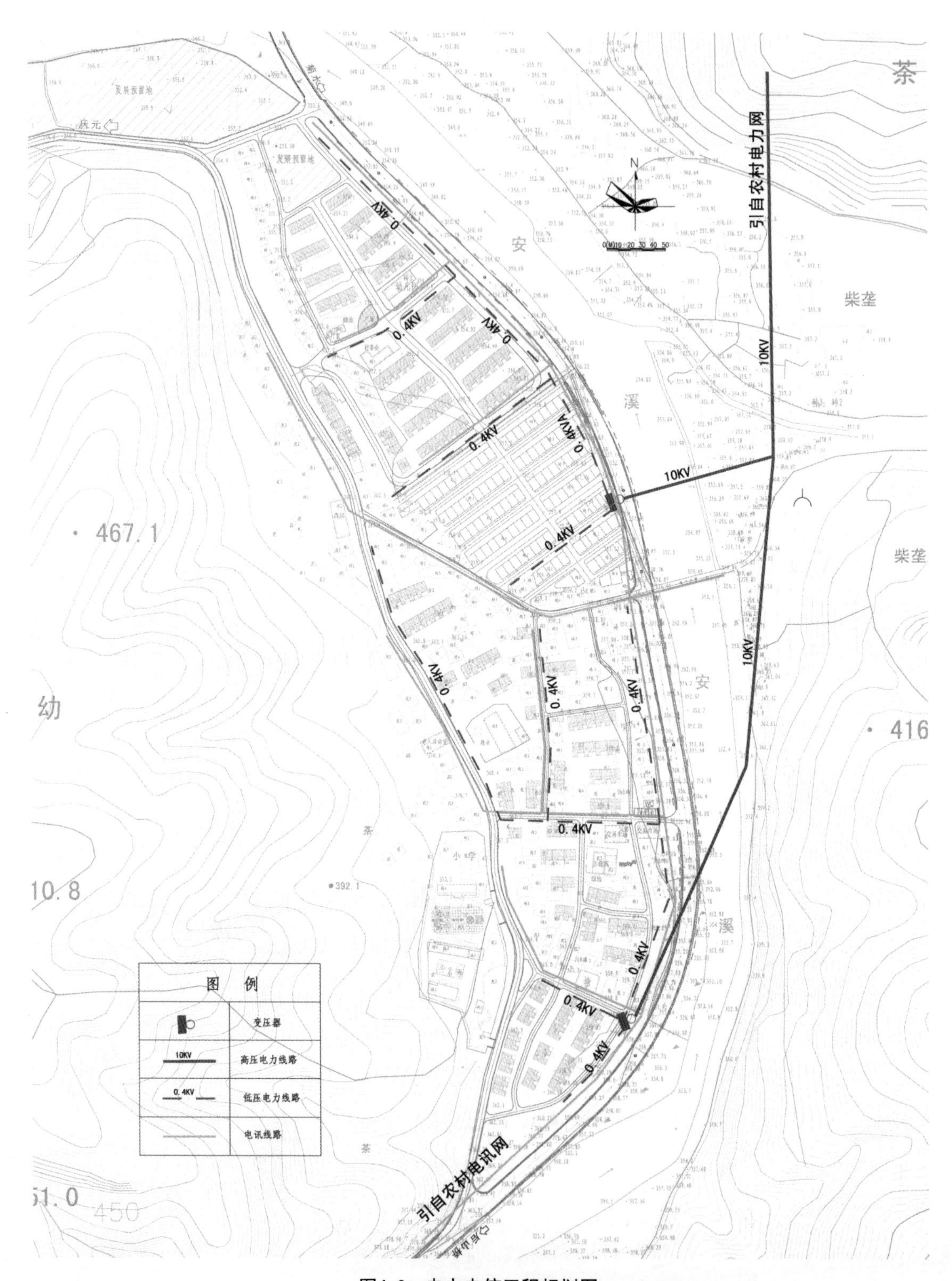

图4-8 电力电信工程规划图

4.9.8 村庄工程管线综合规划

本村庄规划工程管线应按规范要求及有关部门规定布设，一般要求如下：

1）从道路红线向道路中心线方向平行布置的次序宜为：电力管、电信管、给水管、雨水管、污水管。

2）管道铺设有交叉处，从上到下的顺序为：电力管、电信管、给水管、雨水管、污水管。

3）管线的标高，以压力管道服从非压力管道为布设原则，各管线间距按有关规范执行，各项工程统筹安排，尽量做到一次配套建设到位，以避免重复挖掘道路造成的浪费。

4.9.9 村庄防灾减灾规划

该村西面靠山，各项建设应避开有山体滑坡威胁的地段，对山地应加强绿化，保护植被，涵养水源，加强水土保护，综合治理。根据村庄实际情况，该村防灾规划以消防和防洪为主。

1. 村庄消防规划

（1）消防用水规划。消防用水采用生活、生产、消防同一给水管道，消防供水采用低压制供水，消防用水量按15L/s计算，利用安溪溪水作为消防用水的补充水源，留好消防车取水点。

（2）消火栓布置。室外消火栓沿道路设置，宜靠近十字路口，消火栓间距不应超过120m，室外地上消火栓应有一个直径为150mm（或100mm）和两个直径为65mm的栓口。

（3）消防设施。以村内路宽4m以上的规划道路为消防通道，各条消防通道之间的距离按不超过160m布设。按有关规定设置火灾报警和消防通讯指挥系统。

2. 村庄防洪规划

根据《防洪标准》（GB 50201—1994）中村镇防护区等级和防洪标准的有关规定，结合该村所在流域位置，确定防洪标准按10年一遇设防，安溪溪河岸设防洪堤，与新建54省道路堤合一。

第5章 村庄特色规划

5.1 村庄整治规划设计

5.1.1 村庄整治的概念和意义

据住房和城乡建设部调查，至2007年底，全国农村住宅约有270亿m^2，非永久性（砖木、砖混）结构住宅占10%，其中相当一部分是危房。另据部分省份初步调查，农村危房比例在1.5%～10%之间，若按5%比例测算，目前全国农村危房面积13亿m^2左右，这些简陋破烂的危旧房，农户仅依靠自身力量无力新建或修缮，改造任务十分艰巨。应以农村实际为出发点，以“治大、治散、治乱、治空”等“治旧”工作为重点，围绕推进社会主义新农村建设、全面建设小康社会和构建社会主义和谐社会的目标，改善农村人居环境，改变农村落后面貌。村庄长远发展应遵循各地编制的各级城乡规划内容要求，村庄整治工作应重点解决当前农村地区的基本生产生活条件较差、人居环境亟待改善等问题，兼顾长远。

村庄整治规划的规划期限一般为3～5年。

5.1.2 村庄整治规划设计的原则

1. 村庄整治的原则

（1）资源整合利用、落实“四节”的原则。村庄整治要贯彻资源优化配置与调剂利用的方针。提倡自力更生、就地取材、厉行节约、多办实事。充分体现节地、节能、节水和节材的“四节”方针。为把我国建设成为资源节约型和环境友好型社会作出贡献。

（2）因地制宜、分类指导的原则。村庄整治工作中应按照整治村庄的不同地域、不同类型、不同区位条件、不同经济水平等具体情况，因地制宜、分类指导，不能搞一个模式一刀切。

（3）区别对待，多模式整治的原则。对散户散村、易受自然灾害影响的村庄、城中村、空心村等不同村庄的整治工作，应根据其现实情况，采用不同的模式进行改造、改建，并应充分尊重当地农民的意愿，确立农民在村庄整治中的主体地位。

（4）保护历史遗存、弘扬传统文化的原则。在村庄整治中应注重对乡土文化的研究、继承与发扬，深入挖掘村庄发展的历史特征，协调处理好文化遗产的保护、利用与经济快速发展的关系，严格避免建设性破坏。协调考虑物质文化遗产的保护应与非物质文化遗产的保护，并与村庄生产发展、村风文明建设等工作相衔接，促进村庄建设的可持续发展。

（5）创造宜居环境的原则。在村庄整治中，对村容村貌的整治要做好“三清三改”——清垃圾、清污泥、清路障，改水、改厕、改路。清理空心房、废弃旧房、猪牛羊圈，实行人畜分居等有效方式整治村庄环境，营造宜人的居住环境，促进村民家庭和睦、代际和顺、邻里和谐。

（6）尊重村民意愿的原则。村庄整治的重点和时序一定要根据农民生产生活的需要，逐村进行村民自行投票来确定。让村民主动提出他们所生活的村庄目前最突出的影响人居环境的问题，切忌从上而下指令性“一刀切”地确定整治建设项目。特别要防止以城里人的观念、把城里人熟悉的办法简单地带到农村去。要强调先公后私、以公带私，即要将投资集中在公共品的提供方面，突出解决一家一户无法提供的公共品。

2. 村庄整治工作的指导思想和基本要求

村庄整治工作要紧紧围绕全面建设小康社会目标，坚持以邓小平理论和“三个代表”重要思想为指导，牢固树立和落实科学发展观，一切从农村实际出发，尊重农民意愿，充分利用已有条件，整合各方资源，按照构建和谐社会和建设节约型社会的要求，坚持政府引导与农民自力更生相结合，组织动员和支持引导农民自主投工投劳，改善农村最基本的生产生活条件和人居环境，促进农村经济社会全面进步。在整治过程中要坚守“四底线”，即不劈山、不砍树，不破坏自然环境；不填池塘、不改河道，不破坏自然水系；不盲目改路、不肆意拓宽村道，不破坏村庄肌理；不拆优秀乡土建筑，不破坏传统风貌。

3. 整治规划注意的问题

（1）立足现有条件及设施，以“治旧”为中心，避免混同于其他建设性规划。整治规划应该找准整治点，不能环境整治了，但乡村变成了城镇，人工取代了生态。

（2）以公共设施与公共环境整治、改善为主要内容，采取入户访谈、座谈讨论、问卷调查等形式，广泛征求农民意愿，结合当地实际，科学评估，合理确定整治项目、整治措施及整治时序。

（3）村庄经济基础一般比较薄弱，整治内容应针对村民当前的合理需求，保障当地城乡统筹协调。整治经费应符合政府支持的能力和村庄自筹的可能，切忌过于理想化，导致规划成为“纸上画画，墙上挂挂”。

5.1.3 村庄整治规划的内容

村庄整治规划是当前迫切需要的和近期最有实施意义的工作。整治的主要内容包括：

（1）村庄环境卫生和市政设施。环境卫生是村庄整治的首要任务。主要内容包括：村庄道路、给水、村庄垃圾回收点、污水处理等设施的建设，方便村庄居民生活，提高村庄居民生活品质。

（2）村庄公共设施。根据村庄需求，配置与当地经济社会发展水平和特点相适应的教育、医疗、文体等公益性公共服务设施。结合公益性公共服务设施建设，形成村庄的公共活动空间，提升村庄活力。合理安排商业等经营性公共服务设施。

（3）村庄风貌。主要是梳理村庄空间脉络，整理公共活动空间，对保留建筑、拆除建筑和新建建筑区别具体情况提出应对措施，对影响村庄居住品质的各类设施、乱搭乱建、乱堆乱放进行整治，创造良好的村庄整体面貌。

（4）提出现有住宅改善方案。包括立面、天台装饰，以及宅内炉灶、厕所、圈舍的改造方案，并确定将来新建住宅的方案。

（5）确定整治计划。编制整治工程一览表，制订实施计划，特别是近期行动安排和资金估算。规划成果应简单明了、通俗易懂，以村民看得懂、村官可以用，政府方便管为准，无需复杂图样，用图样加照片标示以及大样设计即可。

5.1.4 村庄整治规划的成果

（1）现状图：标明地形地貌、河湖水面、坑（水）塘、道路、工程管线、公共厕所、垃圾站点、集中畜禽饲养场以及其他公共设施，各类用地及建筑的范围、性质、层数、质量等与村庄整治密切相关的内容。

（2）整治布局图：除标明山林、水体、道路、农用地、建设用地等用地的范围外，应根据确定的整治项目，标明主次道路红线位置、横断面、交叉点坐标及标高；给水设施及管线走向、管径、主要控制标高；水面、坑塘及排水沟渠位置、走向、宽度、主要控制标高及沟渠形式；配电线路的走向；公共活动场所、集中场院、绿地、路灯、公共厕所、垃圾收集转运点等公共设施的位置、规模和范围；集中禽畜圈舍、集中沼气池等的位置与规模，燃气、供热管线的走向、管径；重点保护的民房、祠堂、历史建筑物与构筑物、古树名木等；拟拆迁农宅及腾退建设用地的范围与用途；近期拟建房农户的数量及安排；其他有关设施和构筑物的位置等。

（3）主要指标表：包括整治前后村庄人口、农户数量、居住面积指标、基础设施配置及人居环境主要指标的变化情况。

（4）投资估算表：估算所选整治项目的工程量与用工量，估算和汇总投资量。

（5）实施计划表：根据实际需要和承受能力，提出实施整治的计划安排，包括整治项目清单、具体内容、整治措施、用工量、所需资金或物资量，以及实施进度计划等。

（6）说明书：包括现状条件分析与评估，选择确定整治项目的依据及原则，整治项目的工程量、实施步骤及投资估算，各整治项目的技术要领、施工方式及工法，实施村庄整治的保障措施以及整治后项目的运行维护管理办法等建议，需要说明的其他事项等。

5.1.5 村庄整治规划实例

下面是宁海县桃源街道颜公河后畈王村的整治规划说明。

（1）现状概况及特征。后畈王村处泉水西北1.3公里的颜公河南岸洋畈上，西南邻竹口乡境，西南面是科技工业园区，北面是颜公河。辖两个自然村——后畈王和桐山。据2007年统计，后畈王自然村总人口为274人，102户。村庄现状建设用地面积2.47公顷，现状人均建设用地90.1m^2/人。图5-1为后畈王村现状总平面图，现状村庄具有以下几个特征：

1）村庄内部建筑质量较差，以破旧住宅、木结构建筑和一层砖混结构建筑为主，掺杂着部分20世纪80、90年代建造的二层砖混结构住宅。住宅朝向较乱，且布局较为密集，不能满足消防、通风、日照的要求。

2）村内公共配套设施缺乏，均无村综合楼、公厕、娱乐场所等公建设施。

3）村内的道路基本上没有实现硬化，并缺乏完整性和系统性。

4）村庄周边是工业园区，村南面和西面直通公路，村北面为颜公河，河道控制绿化带将是一个很好的风景点。

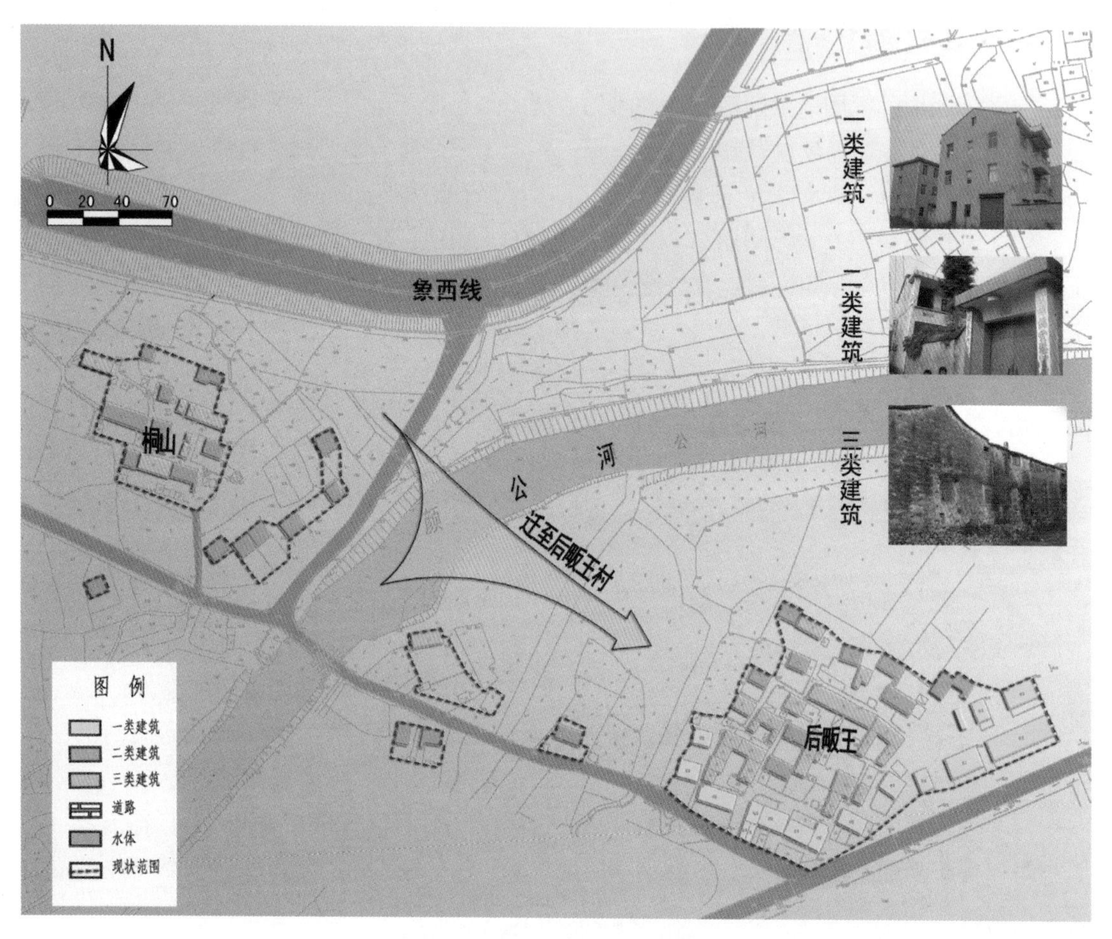

图5-1　后畈王村现状总平面图

（2）规划整治内容。内容包括村庄环境整治和住宅空间整治两方面。村庄环境整治主要从村庄道路和绿化景观整治入手。

道路体系分成三级：主干路、次干路、宅间路。应做好与工业园区的沟通，实现道路的硬化处理。绿化景观整治从清理村庄内的垃圾场开始，腾出空间建设公共绿地和宅间绿地，特别是颜公河一侧15m绿化带的建设。

住宅空间整治主要从保留、整治、新建三个角度对村庄住宅关系进行整理，形成整治有序的空间脉络。图5-2所示为规划总平面图。

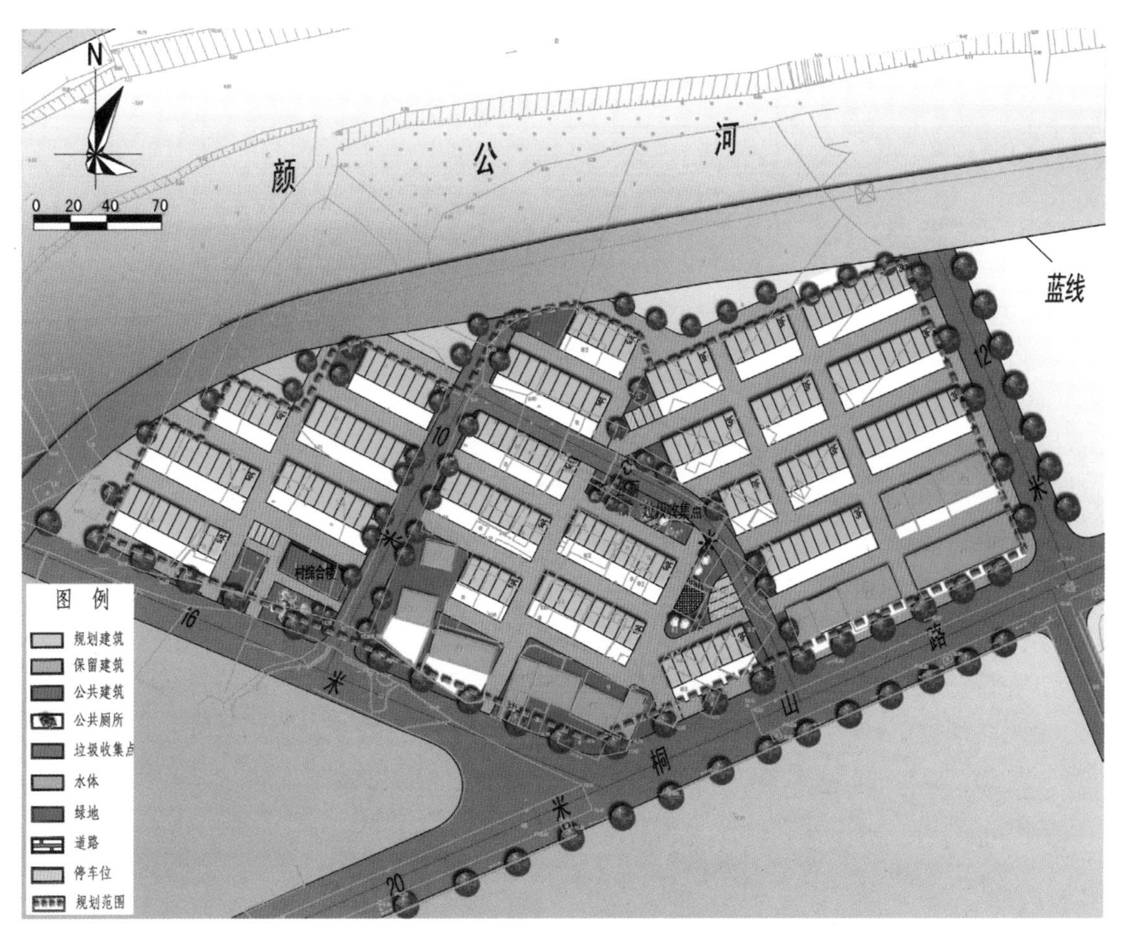

图5-2 后畈王村规划总平面图

（3）规划特点。本规划采用通透式围墙或开敞式院落，淡化公共空间与私密空间的隔阂，创造亲近、信任、沟通的邻里关系。

综合性的公建楼包括老年活动室、青少年活动室、健身房、图书室等将满足村民日常文娱活动的需要，并成为村内地标性建筑。

充分利用村北的滨水空间，提升村庄环境景观质量，着重处理好水与绿化、水与建筑、水与人的活动三方面的关系，形成丰富的村庄滨水景观。

5.2 村庄历史文化保护规划

5.2.1 村庄历史文化保护规划的概念

历史文化遗存丰富、自然风景资源优美，属于自然与文化遗产，已纳入国家和地方保护范围，或具有一定的历史文化、民风民俗和旅游价值的村庄，应编制村庄历史文化保护规划，以保护自然和文化遗产，保护原有的景观特征和地方特色。

我国数千年的农耕文化在一些古村落中沉淀、结晶，这些具有悠久历史和深厚文化底蕴的古村落，在新农村建设中既应改善其村容村貌，又要保持其原有肌理和特色，这就是村庄保护规划中需要解决的主要问题。

5.2.2 村庄历史文化保护规划的原则

1. 原真性原则

一是物质环境的原真性，古建筑在维护与修缮时要做到“修旧如旧”，保持其原来的建筑形制，切忌造假古董，假文物。

二是文化原真性的保护，一方面是保护好这些承载文化的历史遗存，让这些历史遗存能够体现历史文化，另一方面是对于无形的风土人情运用恰当的手段发扬。

2. 完整性原则

村庄的历史文化保护应包括物质与非物质遗产的保护，同时对历史文化遗产所依托的自然环境、山水格局、古树名木及建筑空间等载体进行整体保护。

3. 合理开发、永续利用原则

在有效保护历史文化遗产的前提下，协调保护与开发利用之间的关系，使开发促进更好的保护，保证保护的资金来源和保护理念的传播，从而找到保护和开发的平衡点。

5.2.3 村庄历史文化保护规划的内容

1. 划定保护范围

根据文物古迹、古建筑、传统街区的分布范围，并考虑村庄现状用地规划、地形地貌及周边环境因素的基础上，确定保护范围（核心保护区、风貌控制区、协调发展区）、界限和面积。

2. 明确保护内容

统筹考虑物质和非物质两个方面的保护。规划保护的物质实体包括三个层次，第一层次为村庄的整体形态、空间格局，包括与村庄密切相关的周边自然环境，第二层次为村庄内部体现历史文化风貌的主要区域，第三层次为各个文物保护单位、历史建筑等单体历史遗存。规划保护的非物质遗存主要为村庄的特色风俗、传统手工艺、地方戏曲、民间传说等，应努力将非物质文化遗存的保护附着到具体的载体上。

3. 开发利用规划

根据村庄历史文化的遗存特点，分析利用与保护的关系，如参观人员定位、环境容量、参观内容、游线组织等，使开发和保护相互促进。

4. 近期保护规划

确定近期维修和修缮的重点及时序安排，做出相应的技术经济分析及投资估算。

5. 保护实施措施

提出保护规划实施的措施和方法建议。

5.2.4　村庄历史文化保护规划中应注意的问题

1）具有历史文化传统的村庄，凝聚着思想、智慧和生活的气息，作为历史见证的实物形态存之于世，具有不可替代的历史价值、艺术价值和科学价值。其基本特征为不可再生性和不可替代性。在规划过程中应重视这些村庄保护与利用的关系，在保护的前提下发展，以发展促进保护，使两者相得益彰。

2）保护和修复具有历史文化价值的建（构）筑物的同时，应注重对村落空间格局及周边环境要素、环境氛围的保护。

3）协调处理好文化遗产的保护、利用与经济快速发展的关系，严格避免建设性破坏。

4）物质文化遗产的保护应与非物质文化遗产的保护协调考虑，并与村庄生产发展、村风文明建设等工作相衔接，促进村庄建设的可持续发展。

5）村民的心理健康来自于对社区的认同感、友好感和安全感。在村庄规划时，要保留和传承他们熟悉的传统文化场景，尽可能地向历史学习，尊重与保护村庄的文化遗产、地域文化特征以及与自然特征的混合布局相吻合的文化脉络。

5.2.5　村庄历史文化保护规划实例

下文为浙江宁波东钱湖殷湾村、莫枝村历史文化保护规划示例。

1）现状概况及特征（图5-3）：殷湾村、莫枝村背靠表山，三面临湖，气势磅礴，视野开阔。村内建筑大多背山面湖，保存有大量木架构的住宅，青砖高墙随处可见，巷道曲折多变，是一处风貌独特的江南临湖古村。

2）规划目标：实现对古村历史风貌的有效保护和可持续发展，保护和延续古村传统风貌特色，改善居住生活环境，实现现代新农村建设和历史文化环境的融合。紧紧抓住东钱湖风景名胜区整体开发的契机，通过与谷子湖及陶公山景区的互动开发，将殷湾—莫枝古村建设成为风光独具特色、生态环境优美、配套设施完备的旅游休闲度假胜地，成为浙东地区极富特色的临湖古村旅游中心。

3）规划结构：在殷湾村、莫枝村建设现状的基础上，遵循环山滨湖的带状布局特点，规划形成“一圈、双翼、八区”的布局结构（图5-4）。

一圈——古村保护圈，平满山与东钱湖夹合而成的“环圈”是古村落旅游最重要的发展轴。

双翼——殷家湾滨湖带、谷子湖滨湖带。依附于古村保护圈子的“两翼”是整个古村旅游区的辅助功能区，也是古村东西两端的对外联系轴。

八区——高尚住宅区、旅游服务区、古村民俗风情区、滨湖休闲活动区、风情商业区、剪刀山休闲活动区、平满山休闲活动区、拆迁安置区。

4）古村保护框架。古村保护框架可以概括为点、线、面三个层次（图5-5）：

点：主要是指保护古村内分布较分散、有重要历史意义的建筑单体和有价值的古树。

线：保护“鱼骨状”街巷系统，保护沿街建筑、围墙等界面。

面：实施分片、分区保护方法，对不同地段采用不同的保护整改措施（图5-6）。

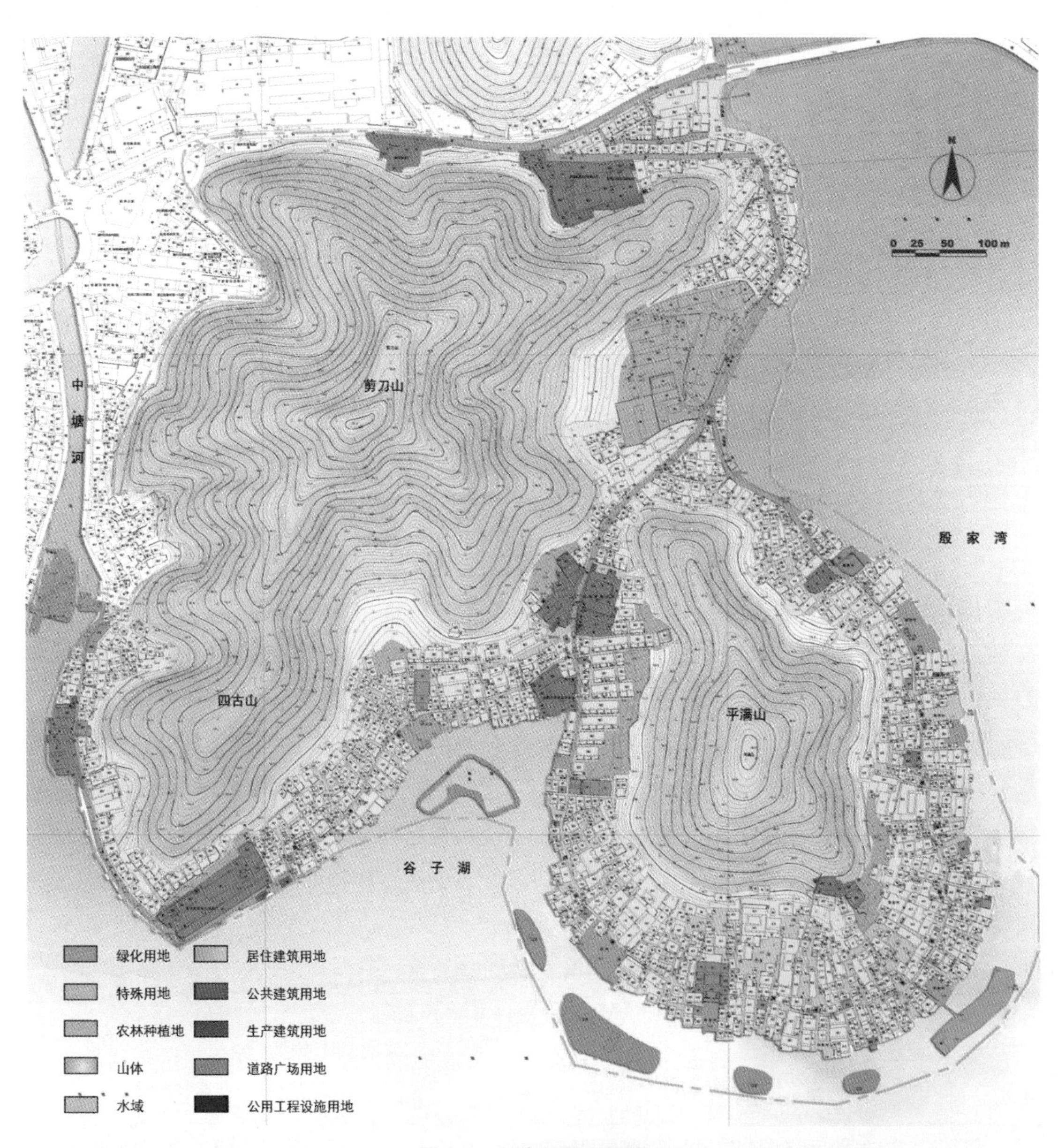

图5-3 土地利用现状图

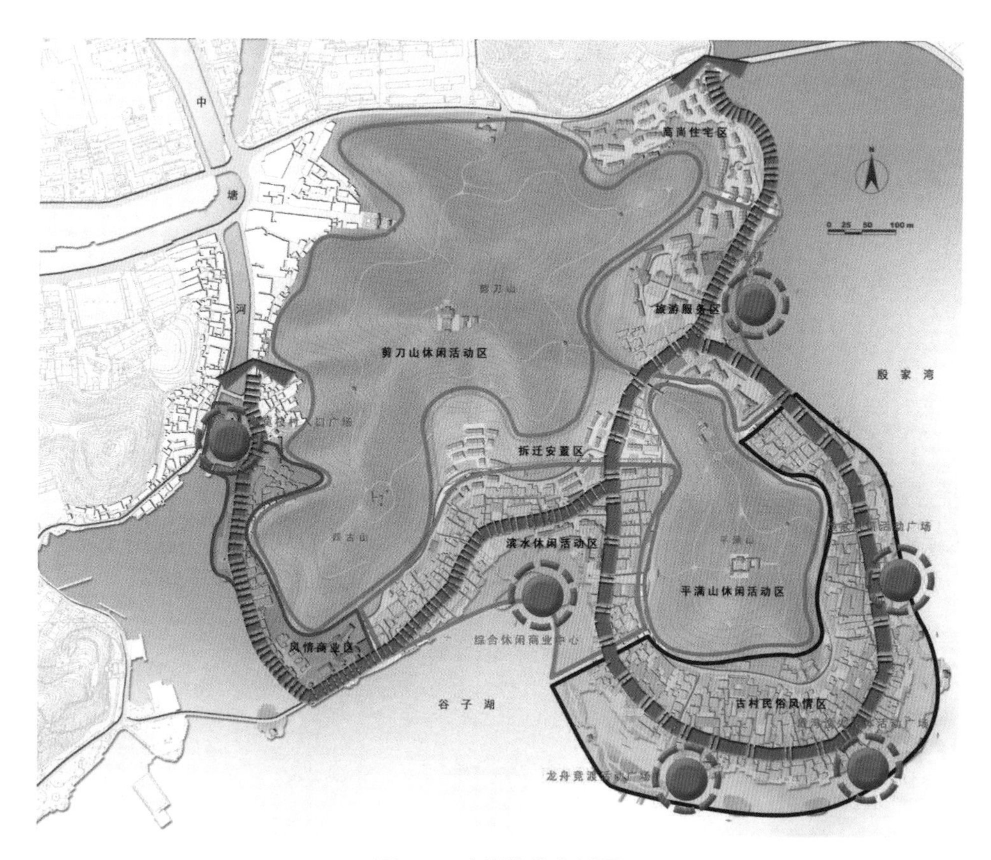

图5-4　功能结构分析图

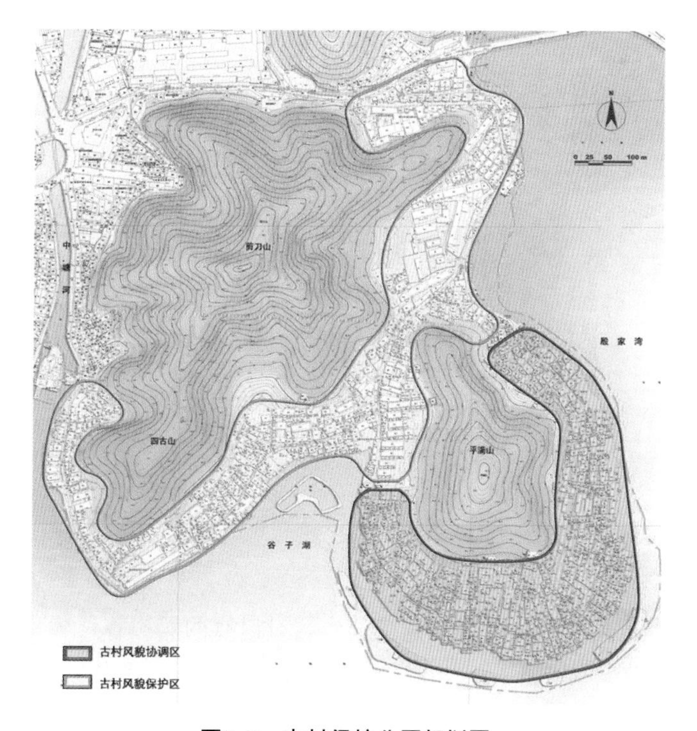

图5-5　古村保护分区规划图

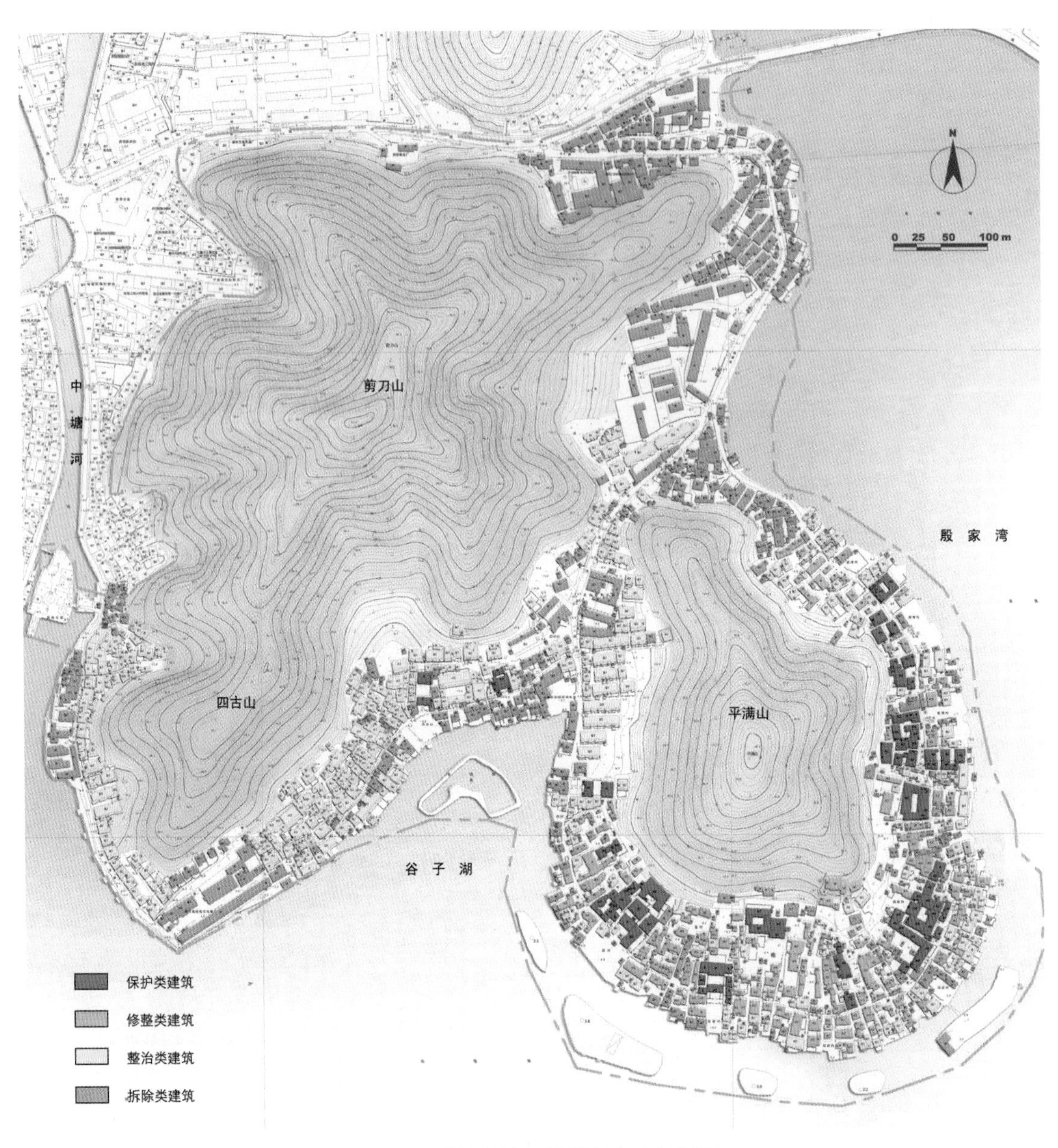

图5-6　建筑单体保护更新方式规划图

5）总平面布局

根据以上规划分析，总平面布局时应特别注意对古村的保护并延续其传统风貌特色，同时应改善村民的生活环境，实现现代新农村建设和历史文化环境的融合，最后形成对村落的总平面设计（图5-7）。

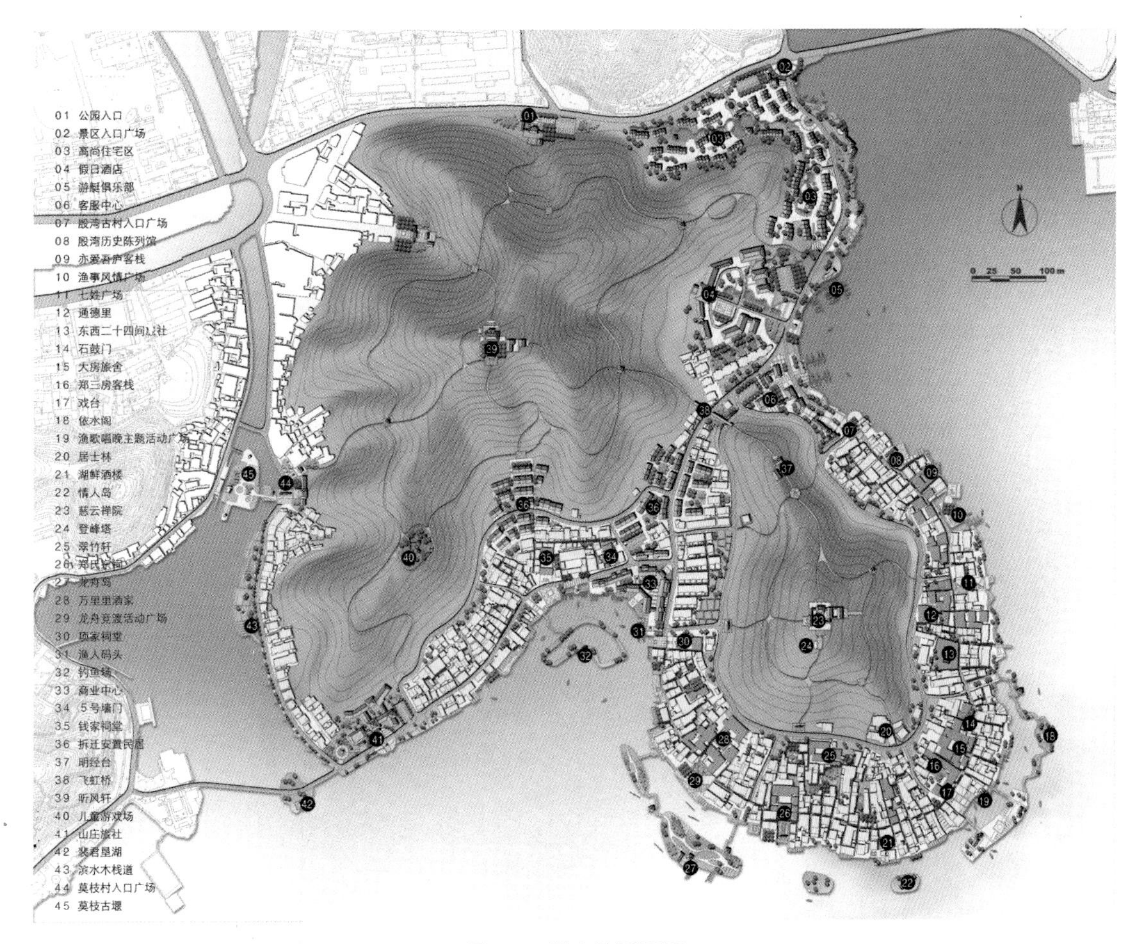

图5-7 村庄总平面图

5.3 村庄景观规划

5.3.1 村庄景观规划概述

乡村景观是一种独特的地域景观，具有与城市景观完全不同的景观特征，在区域景观体系中占据广阔的地域范围，具有景观的原始性和自然性、景观类型多样、景观的生物多样性明显、景观的人为干扰程度分化明显、景观的完整性分异突出的特点。

5.3.2 村庄景观规划原则

1. 乡土化原则

尊重地方文脉，结合民风民俗，展示地方文化，体现乡土气息，营造有利于形成村庄特色的景观环境。绿化景观材料应简朴、经济，并以本地、乡土材料为主，与乡村环境氛围相协调。

2. 整体性原则

注重村庄风格的协调统一，呈现自然、简洁的村庄整体风貌，形成四季有绿、季相分明的村庄绿化景观效果。

5.3.3 布局方式

1. 村口景观

村口景观风貌应自然、亲切、宜人，并能体现地方特色与标志性。

可以通过小品配置、植物造景、活动场地与建筑空间营造等手段突出景观效果，形成村庄标志性景观区域，起到村庄入口的提示作用（图5-8）。

图5-8 浙江青田陈家村村口

2. 滨水景观

滨水空间主要是在现有水系的基础上进行梳理、组织。尽量保留现有河道水系，并进行必要的整治和疏通，改善水质环境。河道坡岸应随岸线自然走向布置，宜采用自然斜坡形式，并与绿化、建筑等相结合，形成丰富的河岸景观。

在自然岸边，注重临水住宅、公建的设计和水空间节点的设计，形成村庄的公共活动空间。

滨水绿化景观以亲水型植物为特色，营造自然式滨水植物景观。

3. 道路景观

道路两侧绿化以自然设计手法为主，绿化配置错落有致，以乔木种植为主，灌木点缀为辅，避免城市化的绿化种植模式和模纹色块形式（图5-9）。

图5-9 浙江杭州龙井村道路景观

道路路面以乡土化、生态型的铺装材料为主，保留和修复现状中富有特色的石板路和青砖路等传统街巷道。

4. 建筑景观

充分利用地形、地貌、气候条件等地理特征，塑造具有地域特点的建筑形态。应就地取材，优化传统建筑技术，利用地方资源，形成具有地方特色和时代感的建筑风格。

建筑的体量、尺度、色彩及风格应协调统一，注重建筑组群的整体风貌。避免单调雷同的建筑造型，创造出丰富、愉悦的建筑形象。

5. 其他重点空间景观

村庄其他重点空间包括宅旁空间和活动空间。这些空间绿化应以落叶树种为主，做到夏天有树荫、冬天有阳光。

村庄宅旁空间以小尺度绿化景观为宜，充分利用空闲地和不宜建设地段，做到见缝插绿。

村庄活动空间以公共服务为主要功能，应紧密结合农村居民的生产、生活和民俗乡情，适当布置休息、健身活动和文化设施。

6. 环境设施小品设计

环境设施小品主要包括场地铺装、围栏、花坛、园灯、座椅、雕塑、宣传栏、废物箱等。

各类小品主要布置于道路两侧或集中绿地等公共空间，尺度适宜，结合环境场所要求，采用不同的手法与风格，营造丰富的村庄环境。场地铺装形式应简洁，用材应乡土，利于排水；围栏应美观大方，采用通透式设计；路灯、指示牌、废物箱等风格应统一协调。

5.4 乡村旅游规划

5.4.1 乡村旅游的背景

我国是一个农业大国，农村建设占有重要地位，乡村旅游作为连接城市和乡村的纽带，实现了社会资源和文明成果在城乡之间的共享以及财富的重新分配，逐步缩小了地区间经济发展差异和城乡差别，推动了欠开发、欠发达的乡村地区经济、社会、环境和文化的可持续发展，优化了农业产业结构，提升了农村精神文明程度。乡村旅游对于加快实现社会主义新农村建设具有重要意义，是推动我国新农村建设的重要途径之一。

以前人们普遍认为农村要经历工业化才能现代化，所以要发展乡村企业。然而由于环境污染、缺乏技术人员和运输成本等问题，现在乡村企业在农村出现衰退，但是“农家乐”的兴起说明了农业、农村也可以直接发展第三产业，而且是能带动种养殖业发展的绿色产业。

新农村建设的推进，政策上的指导和扶持将为乡村旅游的基础设施建设、规划与管理提供重要的平台和引导作用。乡村旅游将会成为当前和未来一段时期内我国社会主义新农村建设的重要模式。例如浙江省的长兴县将乡村旅游与新农村建设有机结合，吸引了大量周边城市的居民来此旅游。乡村旅游有效地利用了新农村整治的成果，带动了村庄基础设施加速建设，促进了农村环境卫生和村容村貌的改善，提高了村民的素质。

5.4.2 乡村旅游规划编制的要求

1）乡村旅游规划编制要以国家和地区社会经济发展战略为依据，以旅游业发展方针、政策及法规为基础，与乡村的总体规划、土地利用规划相适应，与其他相关规划相协调；根据国民经济形势，对上述规划提出改进的要求。

2）乡村旅游规划编制要坚持以旅游市场为导向，以旅游资源为基础，以旅游产品为主体，经济、社会和环境效益可持续发展的指导方针。

3）乡村旅游规划编制要突出地方特色，注重区域协同，强调空间一体化发展，避免近距离不合理重复建设，加强对旅游资源的保护，减少对旅游资源的浪费。

4）乡村旅游规划编制鼓励采用先进方法和技术。编制过程中应当进行多方案的比较，并征求各有关行政管理部门的意见，尤其是当地居民的意见。

5）乡村旅游规划编制工作所采用的勘察、测量方法与图样、资料要符合相关国家标准和技术规范。

6）乡村旅游规划技术指标应当适应旅游业发展的长远需要，并具有适度超前性。

7）乡村旅游规划编制人员应有比较广泛的专业构成，如旅游、经济、资源、环境、城市规划、建筑等方面。

5.4.3 乡村旅游规划中应注意的问题

1）防止承包开发的旅游企业、短平快追求商业利益、游客低级感官刺激而盲目改造古村落，造成开发性破坏。

2）充分保留、利用不同地域丰富多样的乡情民风，服饰、歌舞、文字、习俗、物品、生产工具等一切与其他地区有所区别的独有的东西，作为具有欣赏价值的旅游资源，激发游客们的好奇心。

3）乡村旅游的开发一定要体现“反向整治”的原则，即外国城镇、乡村没有的，我们中国要有；城市里没有的，农村要精心保留和展示，这样才能发展继承、充分地利用乡村资源，发展新农村。

5.4.4 乡村旅游规划实例

1. 浙江宁波东钱湖洋山村

（1）现状概况及特征。洋山村位于东钱湖镇东部山区内，三面环山，青山叠翠，青溪穿村，生态环境极佳。其历史文化资源相对匮乏，最能体现洋山村历史底蕴的是向山延伸的二十多公里古栈道和一座延寿王寺。建于2002年的韩洋公路，西起韩岭，南至洋山，为7m宽的沥青路面，使得洋山村具有良好的交通可进入性，距钱湖新城仅20分钟车程。

（2）规划目标。根据中央关于加强社会主义新农村建设的精神，围绕东钱湖打造高品质旅游度假区的建设目标，按照“高起点、高标准、严要求”的原则，努力将洋山村打造成为东钱湖旅游度假区内又一精品工程与区内游线上的重要节点，浙江省内“乡村俱乐部与露营地”旅游模式的成功“试验田”，宁波地区内特色老年养生乐园，最终实现浙江省级旅游特色村、乃至国家级旅游特色村的目标，成为东钱湖地区内新农村建设的新样板。图5-10为该村的房屋改造示意图。

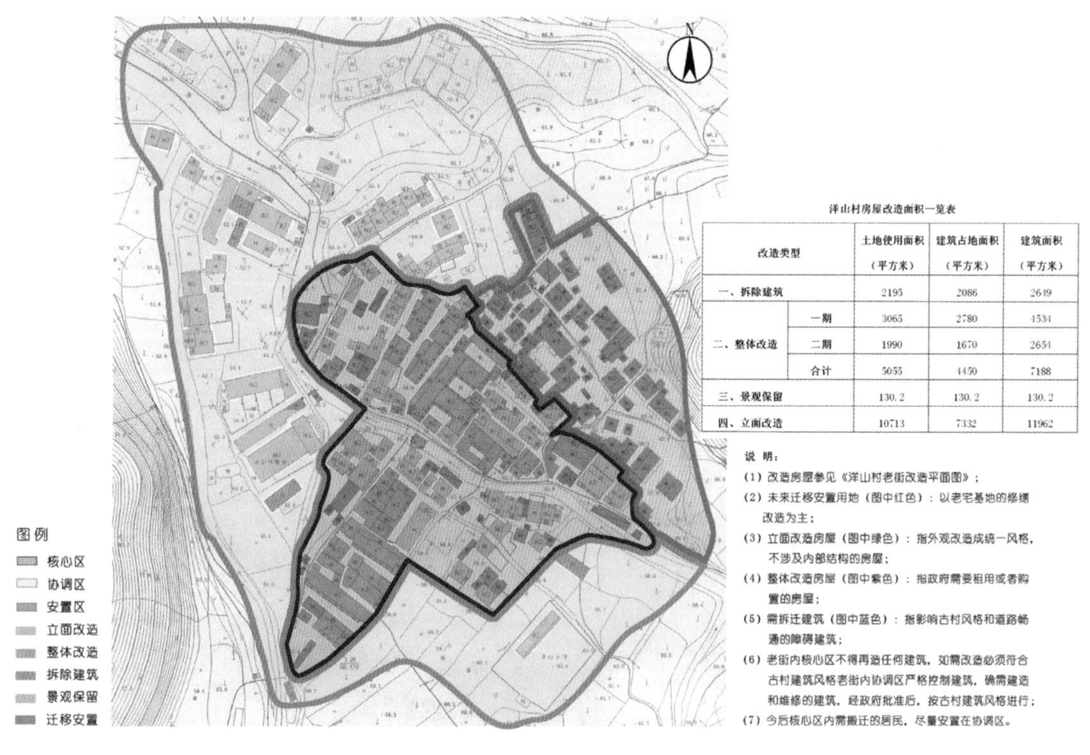

洋山村房屋改造面积一览表

改造类型		土地使用面积（平方米）	建筑占地面积（平方米）	建筑面积（平方米）
一、拆除建筑		2195	2086	2649
二、整体改造	一期	3065	2780	4534
	二期	1990	1670	2654
	合计	5055	4450	7188
三、景观保留		130.2	130.2	130.2
四、立面改造		10713	7332	11962

图5-10　房屋改造示意图

（3）总体布局与功能区划分。根据洋山村资源地域的空间组合性及产业发展的科学性，其总体空间布局为：以村中洋山溪为中轴，形成新区、老区两大板块。新区板块为洋山溪西南区域，以欢乐、休闲为主题；老区板块为洋山溪东北区域，以养生、度假为主题。图5-11为游憩项目布局图。

（4）洋山村主题形象定位

1）主题形象：体验新天地，感受新生活；因为露营，而与自然接触。

2）宣传口号：“福彩洋山，鸟语花香”；“走近洋山，走进人生加油站”。

2. 浙江宁海前童古村

（1）古村性质。以完整的明清及民国时期的民居建筑风貌与单姓社区聚居生活为特色，以观光休闲、生活居住、传统手工业为主要职能的古村（图5-12）。

（2）规划定位

1）产品定位：服务于地方经济发展的商务休闲产品；面向区域市场的观光休闲产品。

①商务休闲产品：会议室、商务交往场所、休闲保健康乐设施、企业员工的休闲培训、高雅环境。

②观光休闲产品：独特性观光、真山真水的生态环境体验，山水生态体验，原汁原味的历史文化环境体验，在山水格局中的文化生态体验。婚俗、节事、民艺、表演等可以丰富产品。

2）基本功能：居住（庭院经济、园艺）、展示、表演。

3）拓展功能：观光、体验、餐饮、住宿、教育。

4）高级功能：中国乡土文化保护示范基地，古村落可持续发展示范基地，国际生态村联盟成员。

5）外围功能：商务会议、休闲度假、康复娱乐、生态旅游。

6）形象定位：中国最美的山水田园古村、山水前童、田园古村。

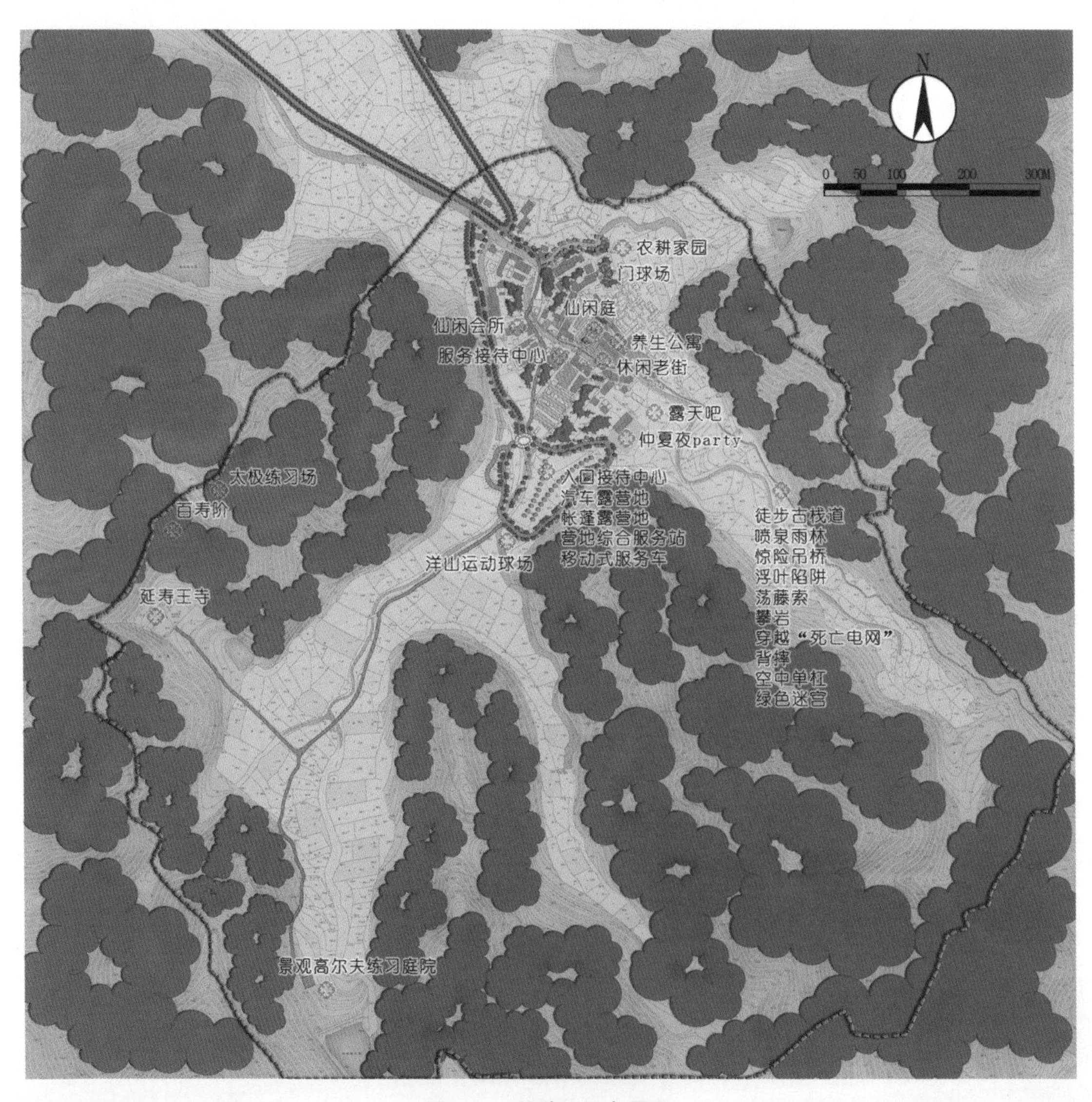

图5-11　游憩项目布局图

图5-12　前童古村现有院落分布图

（3）旅游规划结构定为“一轴双核，四街八片”（图5-13）。

一轴：石境山路重要文化设施轴向布局。

双核：文化观光休闲区（明清民居集中分布区）、休闲娱乐居住区（遗址公园）。

四街：南大街、花桥街、双桥街、回水路。

八片：三个文化集中展示区、三个居住观光区、一个历史遗址观光区、一个文化休闲活动区。

（4）三大战略

1）核心竞争力战略——文化主导，历史文化与现代休闲文化的融合创新。

2）市场战略——双线并举，商务休闲与观光休闲并重，区域市场与地方市场相结合。

3）产品战略——多元交叉，文化观光与休闲度假相结合，文化、商业与健康相结合。

（5）旅游产品规划

1）古村区的产品定位：九子古村（看村子，走巷子，睡院子，画房子，磨豆子，吃干子，扎竹子，戏园子，新娘子）。

2）一个主导：文化古村观光休闲。

3）两个辅助：艺术实习基地；影视拍摄基地。

4）四个重点项目：南大街，历史博物馆，遗址公园，元宵文化节。

5）五个拳头："十里红妆"前童婚庆，前童特色餐饮，前童特色手工艺产品，古村休闲居住，民俗演艺广场。

图5-13 旅游规划结构图

第6章 村庄规划设计成果的编制与实施

6.1 村庄规划设计成果的基本要求

村庄规划成果分为规划文本、规划说明书（含基础资料汇编）和图样三部分。

6.1.1 村庄规划文本

村庄规划文本是对规划的各项目标和内容提出规定性要求。村庄规划文本的内容应当包括：规划区范围，住宅、道路、供水、排水、供电、垃圾收集、畜禽养殖场所等农村生产、生活服务设施、公益事业等各项建设的用地布局、建设要求，以及对耕地等自然资源和历史文化遗产保护、防灾减灾等的具体安排。

6.1.2 村庄规划说明书

村庄规划说明书中目标任务的确定和提出切实可行的保障措施是整个规划的重点。社会主义新农村建设规划可根据村庄实际按拆迁新建、整改结合、环境治理、迁村并点等四类进行。

不同规模的村庄、不同建设类型的村庄可以按照下列规划成果要求对规划内容进行适当增减。

1. 前言

前言部分主要说明规划编制的背景，编制的主要过程，包括委托、论证、修改和审批的全过程及其他需说明的问题。

2. 概述

概述部分主要说明以下情况：

（1）制定规划的依据、原则与目标。确定规划的适用范围和重点。规划执行主体和管理权限。

（2）自然与经济社会条件现状：地理位置、人口与面积、与周围村镇和城市的关系、地形地貌、工程地质与水文地质、风景旅游资源、历史文化遗产与民俗风情、村庄发展过程与现状，经济结构与发展水平、村庄组织情况、村庄发展建设情况。

（3）现状存在的主要问题：用地布局与功能分析、规划设计与建设管理、建筑形式与村民住宅、基础设施、公共设施、环境卫生与村容村貌、对外交通联系等方面的主要问题。

3. 规划内容

（1）基本原则。即进行规划设计时必须遵循的基本原则。

（2）村庄建设环境与场地分析：分析村庄自然环境条件、建设条件，确定编制规划的主要制约因素，对可能产生的影响进行评估。根据工程地质状况、地基承载力等条件对规划范围内的用地进行建设用地的评定，并叙述评定的标准、原则。根据用地评定，结合其他因素确定村庄未来建设用地的发展方向。

（3）规划总则

①规划范围：一般以乡镇总体规划、村庄布点规划确定的村庄规划建设用地范围为界限。因村庄建设需要实行规划控制的区域应纳入规划范围。

②人口与用地发展指标选择和规模预测：根据人口数量现状、人口自然增长率、机械增长率及人口预测公式等确定规划期末的人口规模。根据现状人均用地指标和相关规范，确定规划期末人均用地面积。上述两者相乘即可得出规划期末的用地总面积上限。

（4）规划布局：对居住建筑用地、公共建筑用地、道路广场用地、绿化用地、公用工程设施用地等进行合理布局。

（5）公共服务设施规划：按照《村镇规划标准》（GB 50188—2006）、当地实施的有关规定和乡镇总体规划的要求，确定公共服务设施项目、规模及用地安排。

（6）基础设施规划。

① 道路交通：确定交通道路系统，道路走向、红线宽度、断面形式、控制点坐标及标高；交叉口形式和用地范围；广场、停车场位置和用地范围。

② 给水排水：确定用水指标，预测生产、生活用水量，确定水源、水质要求，配水设施位置、规模等，确定供水管线走向、管径。预测污水量，确定污水排放体制，污水处理设施工艺等，确定污水管线走向、管径等。

③ 供电电信：确定用电指标，预测规划目标年的用电负荷水平，确定供电电源点的位置、主变容量、电压等级及供电范围等；确定固定电话主线需求量及移动电话用户数量；结合周边电信交换中心的位置及主干光缆的走向确定村庄光缆接入模块点的位置及交换设备容量等。

④ 广播电视：有线电视、广播网络根据村庄建设的要求应尽量全面覆盖，有线广播电视管线与村庄通信管道应统一规划、联合建设，结合村庄道路规划考虑广电通道位置。

⑤ 环境保护与环卫设施：确定村庄生活垃圾处理方式和去向，中转站位置、容量；按照标准设置废物桶、公共厕所及垃圾收集点。

⑥ 防灾减灾：村庄和主要建筑物、公共场所按规范设置消防通道、消防设施；防洪设施达到二十年一遇以上标准，安排各类防洪工程设施措施；提出地质灾害预防和治理措施；提出地震灾害防治的规划与建设措施。

⑦ 竖向规划：根据地形、地貌，结合道路规划、排水规划，确定建设用地竖向设计标高。标明道路交叉点、变坡点坐标与控制标高室外地坪规划标高。

（7）景观环境规划：包括建筑风貌规划；绿地系统规划；河道景观规划；村口景观方案；环境设施小品方案等。

（8）住宅、主要公共建筑的标准：新建和改建整治的住宅形式；户型标准、户型比。

（9）工程量及投资估算：对规划所需的工程规模、投资额进行估算，对资金来源进行分析。主要公共建筑和绿化或广场工程等所需投资应单独列出。

（10）近期建设规划：列出实施村庄规划需要的近期建设工程项目表，提出建设计划、措施和进度安排。

（11）实施规划的保障体系及效益分析。

6.1.3　规划图样

1. 村庄区位图

村庄区位图应标明村庄在县(市)及乡镇域的位置以及和周围地区的关系。比例尺根据县(市)域及乡镇域范围大小而定。

2. 现状图

图纸比例为1∶2000～1∶1000，表明地形地貌、道路、绿化、工程管线及各类用地和建筑的范围、性质、层数和质量等。

3. 规划平面图

比例尺同上，标明规划建筑、绿地、道路、广场、停车场和河湖水面等的位置和范围。

4. 道路交通规划图

比例尺同上，标明道路的走向、建筑用地红线位置、横断面、道路交叉口、点坐标、标高，车站、停车场等交通设施用地界限。

5. 景观环境规划设计图

比例尺同上，标明绿地的位置与用地界限、植物配景、小品等景观设计意向。

6. 建筑质量评价图

村庄内现有建筑按建造年代、建筑外立面、建筑结构等条件综合考虑进行分类，一般分为3或4个等级。

7. 整治规划方案图

注明不同等级的建筑所采用的建筑整治或改造的方式，给出示例图。

8. 建筑方案图

要求有总平面布置图（院落布局、户型组合等）、各层平面图、立面图、剖面图和彩色效果图。

9. 竖向规划图

坡地村庄应做出竖向规划图，标明道路交叉点、变坡点控制标高，室外地坪规划标高，比例尺同上。

10. 工程管线规划图

比例尺同上，标明各类市政公用设施、环境卫生设施及管线的走向、管径、主要控制点标高，以及有关设施和构筑物位置、规模。

6.2 村庄规划组织管理

6.2.1 村庄规划的编制组织

村庄规划的编制，首先要建立以乡（镇）长或村长为组长的领导小组，组织牵头，全面负责，委托具有相应规划编制资质的规划设计单位承担。

在编制的实施过程中，领导小组要协助编制单位召集农、林、土地、水利、环境、水文等部门或管理等有关部门开座谈会，与有关部门进行联系，与紧邻乡镇或村庄相协调，解决规划中遇到的重大问题；并对村庄的性质、规模和发展方向的预测和确定，乡镇体系的确定等进行深入讨论。

方案形成后，应召开论证会，广泛宣传《村庄整治技术规范》、《村庄和集镇规划建设管理条例》、《土地管理法》等法规，以及党和国家有关乡镇建设的方针政策，使广大干部群众明确村庄规划的重要意义，提高他们的参与意识。这样，他们就会主动配合规划工作组的调查研究工作，提供资料，介绍情况，提建议，想办法等。这不仅可以保证规划工作组顺利地工作，更主要是可以使规划真正做到从人的生活需要出发，体现出规划对当地的居民的一种关注。一个好的规划，应及时地把村里每一个设施的安排告诉群众，听听不同人的反应，老人、青年、妇女、孩子，将他们的想法综合起来，分析其中的合理性，再将其体现到规划中。

最后，规划领导小组必须编制规划纲要。在规划编制开始时，规划小组要把收集的资料进行全面的汇总分析，对当前村庄建设中存在的主要问题，制定采取措施，要提出编制规划的重要原则性意见，作为规划的纲要，报乡（镇）人民政府审定。

6.2.2 规划的上报和审批

村庄规划成果编制完成后，就要具体办理村庄规划的报批手续。规划只有严格按照审批程序批准，才具有法律效力，也才能受法律的保护，从而保证规划的严肃性和权威性。

县级人民政府收到送审的村庄和乡镇规划后，应当组织有关部门和专家进行评审，并根据评审结果决定是否予以批准。村庄、乡镇建设规划应当根据乡镇域总体规划的要求进行审批。对于予以批准的规划，县级人民政府要签发批准文件。

村庄规划经批准后，必须严格执行，任何单位和个人不得擅自改变，应该保持规划的连续性和严肃性。但是，实施村庄规划是一个较长的过程，在村庄的发展过程中，总会不断产生新的情况，出现新的问题，提出新的要求。作为指导村庄建设发展的规划，也就不可能是静止的、一成不变的。也就是说，经过批准的村庄规划，在实施过程中，可能出现某些不能适应当地经济及社会发展要求的情况，需要进行适当调整和修改。

为了保证村庄规划的效力，村庄规划的调整和完善工作应按照法定程序进行。对村庄规划的局部调整，如对某些用地功能或道路宽度、走向等在不违背总体布局基本原则的前提下进行调整等，应经乡级人民代表大会或者村民会议同意，并报县级人民政府备案；对涉及村庄及乡镇性质、规模、发展方向和总体布局重大变更的，应经乡级人民代表大会（或者村民会议）审查（或讨论）同意后，由乡级人民政府报县级人民政府批准。

6.2.3 村庄规划的实施管理

如果说规划是前提和实施时的目的的话，那么管理则是规划得以实施的重要保证，正所谓"三分规划，七分管理"。实施乡镇规划的基本原则就是要求村庄内土地的利用和各项建设必须符合乡镇规划，服从规划管理。

实践证明，村庄和集镇建设有没有规划指导、是否真正按规划进行，其经济效果大不一样，有的村民认为，院子是我围的，房子是我盖的，地基是老祖宗留下的，不需要什么规划。这种观念使规划不能发挥其真正的效力，实际上成了"纸上画画，墙上挂挂"的一纸"空图"。但是，只要是坚持按规划进行建设的地方，都有明显的效果，村庄的道路，供水、排水等公用基础设施也基本配套，整个村庄才有一个布局合理、整治卫生的环境。

村庄规划的实施管理，应在特别重视生态环境保护管理的前提下做好建设用地规划管理和违章建设的管理。

1. 村庄建设用地规划管理

村庄规划管理的基本内容是依据新农村规划确定的不同地段的土地使用性质和总体布局，决定建设工程可以使用哪些土地，不能使用哪些土地，以及在满足建设项目功能和使用要求的前提下，如何经济合理地使用土地。县级建设行政主管部门和乡级人民政府对村庄建设用地进行统一的规划管理，实行严格的规划管理是实施新农村规划的保证。

根据规定，任何单位在村庄内进行建设，以及个人在乡镇兴建生态建筑，必须按照下列程序办理审批手续：

①乡镇建设管理站批准建设项目的有关文件，向乡镇建设管理站提出选址定点申请。乡镇建设管理站按照乡镇规划要求，确定建设项目用地位置和范围并提出建设工程规划设计要求。县级建设行政主管部门进行审查，划定规划红线图后，发给选址意见书。

②划定规划红线图和核发选址意见书后，向土地管理部门申请办理建设用地手续。

③取得用地审批文件和建筑设计图样等，向县级建设行政主管部门申请办理建设许可证。

④乡镇建设管理站进行放样、验线后，即可开工。

个人建住宅及其附属物的，经村民委员会同意，乡镇建设管理站按照村庄规划进行审查，规定规划红线图后，向土地管理部门申请办理用地审批手续。然后，由乡镇人民政府发给建设许可证。经乡镇建设管理站进行放样、验线，即可开工。

建设单位和个人必须在取得建设许可证之后起一年内开工建设。逾期未开工建设的建设许可证自行失效。建设中如发现有不实之处或擅自违反规定进行建设的，均按违章建设进行处理。

2. 违章建设的管理

在村庄规划区范围内违反《中华人民共和国城乡规划法》、《中华人民共和国土地管理法》和相关地方法律法规的规定，有下列情形之一的视为违章违法建设行为：

①非法占用土地新建各类建筑物和构筑物的。

②未经有审批权的人民政府依照法定程序审批的宅基地，擅自建设、翻建、扩建及加盖院内空闲地的。

③未经审批，将农村集体所有土地转让或者出租用于非农业建设的。

④非法占用耕地建窑、建窖、建坟或者擅自在耕地上建房、挖砂、采石、采矿、取土的。

⑤未经批准擅自改变土地用途的。

⑥未按审批内容或审批手续不齐全进行建设的，私自改变建设规划或与审批内容不符的。

⑦自有审批权的人民政府批准之日起，二年内未开工建设而批准手续作废，仍进行建设的。

对违章违法建设行为，给国家利益和公共财物造成重大损失的，应依据相关法律法规追究违章违法当事人的责任，造成损失的由当事人承担。对违章违法建设的建筑物或构筑物要依法拆除或没收，并对当事人给予处罚。

参考文献

[1] 骆中钊，戎安，骆伟．新农村规划、整治与管理[M]．北京：中国林业出版社，2008.
[2] 叶齐茂．村庄整治技术规范图解手册[M]．北京：中国建筑工业出版社，2009.
[3] 崔东旭．村庄规划与住宅建设[M]．济南：山东人民出版社，2006.
[4] 陈威．景观新农村：乡村景观规划理论与方法[M]．北京：中国电力出版社，2007.
[5] 方明，董艳芳．新农村社区规划设计研究[M]．北京：中国建筑工业出版社，2006.
[6] 胡开林．城镇基础设施工程规划[M]．重庆：重庆大学出版社，1999.
[7] 张隆久．农村给排水[M]．天津：天津科学技术出版社，1989.
[8] 朱建达．小城镇基础设施规划[M]．南京：东南大学出版社，2002.
[9] 王雨村，杨新海．小城镇总体规划[M]．南京：东南大学出版社，2002.
[10] 朴永吉．村庄整治规划编制[M]．北京：中国建筑工业出版社，2010.
[11] 李华．村庄规划与建设基础知识[M]．北京：中国农业出版社，2008.
[12] 安国辉．村庄规划教程[M]．北京：科学出版社，2008.